稻田老师的百变蛋糕

[日] 稻田多佳子　著　唐晓艳　译

南海出版公司

2017·海口

目 录Contents

原版图书工作人员

摄 影 [日]稻田多佳子 [日]内池秀人

图书设计 [日]大悟法淳一 [日]境田明子
（gobo-design事务所）

[日]稻田多佳子（Takako Inada）

　　生于1968年12月，现居日本京都。2000年创办了手工点心网站"CARAMEL MILK TEA（焦糖奶茶）"，颇具人气。著有《稻田老师的烘焙笔记1：曲奇＆黄油蛋糕》《稻田老师的烘焙笔记2：奶酪蛋糕＆蛋糕卷》《稻田老师的烘焙笔记3：戚风＆巧克力蛋糕》（均由日本主妇与生活社出版）等。从主妇的立场出发，经过反复实践总结而成的食谱，便于家庭操作，广受好评。

http://takako.presen.to/

微信公众号   抖音   小红书

书中缘   书中缘图书旗舰店   书中缘旗舰店

北京书中缘图书有限公司出品
销售热线：（010）64438419
商务合作：（010）64413519-817

吃不腻的点心食谱和搭配策略

原味点心味道更加自然纯正，想必很多人都很喜欢。

我烘焙过很多点心，其中口感酥脆的曲奇饼干、蛋味和黄油味浓郁、质地细腻的黄油蛋糕，在只用面粉、鸡蛋、砂糖制作的蛋糕里卷上微甜的白色奶油制作而成的蛋糕卷，可谓是百做不厌、百吃不厌。

原味点心使用的都是粉类、鸡蛋、乳制品和油脂，有时会用到巧克力。因为不需要加入调整口味的辅料，准备材料更方便，步骤也更简单，所以很容易上手制作！

无须任何装饰、味道纯粹的点心是能让人身心都得到放松的，就像每天吃刚刚煮好的白米饭时的心境一样：每次吃都觉得美味无比！

随心随意地装饰

原味点心没有特殊的味道，可以与各种材料相搭配，不同的装饰不仅可以丰富点心的风味，还可以美化点心的外观。

比如，玛芬蛋糕可以做成不同的口味，也可以在蛋糕顶部装饰上奶油、坚果、水果干等材料。再比如戚风蛋糕，分切后放在盘内，可以装饰上奶油和水果、冰淇淋，还可以用巧克力酱或焦糖酱装饰盘子，品尝时更加赏心悦目。

玩转各类升级面坯

以原味面坯为基础衍生出各种升级食谱。可以加入一种或两种辅料，让原味点心升级为各种不同口味的点心，也更富表现力。

升级点心的制作并不难，只要稍微动点心思即可。比如，把原味点心食谱中的细砂糖换成赤砂糖、黑糖或枫糖，点心就会因砂糖种类的变更而呈现出截然不同的风味和香气。

比如，在黄油蛋糕和玛芬蛋糕的面糊内加入用于制作挞派的杏仁奶油等原料，可以让蛋糕味道变得更丰富。水果可以直接用新鲜水果，还可以用煮过或者糖渍的水果。如果使用罐头或市售蜜饯果皮、水果干，可以节省更多的加工时间，让你有更充足的时间发挥想象力！

又如，首先在原味面坯内加入杏干，将其变成杏子蛋糕。然后再加入杏仁，就变成了杏子坚果蛋糕。或者用巧克力碎替代坚果，变成杏子巧克力蛋糕。还可以把巧克力溶化后加入面糊中，制出大理石纹，制作出杏子巧克力大理石纹蛋糕。按照这个思路不断尝试，就可以制作出各种有趣的创意蛋糕。

通过外形改变点心

改变点心的形状、大小，看似做法很简单，但呈现出的效果却出乎意料。你会发现原本司空见惯的小点心可以拥有更多与众不同的魅力。

将平时用磅蛋糕模具烘焙的奶油蛋糕，换成用花朵模具、咕咕霍夫模具来烘烤，或者用小玛芬模具、圆形模具或心形模具等小型模具烘焙成小蛋糕，立刻就会给人一种全新的印象。还可以将冷冻曲奇饼干坯切成圆形、整成圆球再按瘪、正方形、长条形，甚至用模具压出不同图案，也可以将一大张面坯烤好后再分切……总之，花样繁多，现在是不是跃跃欲试了呀！

本书详细介绍了从黄油蛋糕到司康等做法简单的20种原味点心及其各种升级点心的做法。

通过阅读本书，如果能让你体会到原味点心的美味，同时又能自由开发各类升级点心，并给你的原创点心带来一丝灵感，我将感到无比荣幸。

关于基础材料和工具

食谱中介绍的简单款烘焙点心，尤其是原味点心，就是为了让你品尝原材料最纯正的味道。如果使用正宗的原料，烘焙出来的点心也会更加美味，因此需要精心选择每种点心所需的原料。另外，选择使用方便、操作性强的工具能帮助你更顺利地完成点心制作。

下面详细介绍一下本书主要使用的基础原料和工具。如能给你提供些许帮助，甚感荣幸。

材料

低筋面粉

低筋面粉广泛应用于点心制作中。非常适合制作各类松软的蛋糕，可以说是一款万能面粉。我非常喜欢使用"特宝笠"（增田制粉所）面粉。如果想要烘烤味道浓郁的曲奇饼干或挞派，我更倾向于选择"优美"（江别制粉）面粉、"文学"（日清制粉）面粉。

* 除了低筋面粉，本书中的"酥脆司康"使用的是我经常用于制作面包的高筋面粉。高筋面粉非常干爽，还适合当手粉或洒在模具上。如果没有，也可以用低筋面粉替代。

砂糖

最常用的是甜味纯净的细砂糖。点心专用的颗粒细腻的细砂糖（点心专用特细砂糖、幼砂糖）易于溶化，可以很好地与其他材料相融合，强烈推荐。

杏仁粉

杏仁粉与低筋面粉都是点心制作不可或缺的原料。杏仁粉容易氧化，购买时请选择值得信赖的店铺或将其保存在阴凉干燥处的店铺。新鲜度才最重要，因此务必密封于冰箱内冷藏保存，并尽快用完。

鸡蛋

一定要选择新鲜的鸡蛋。比起蛋壳偏薄的鸡蛋，推荐使用蛋壳较厚的鸡蛋。本书中使用偏大的鸡蛋（L号）。使用小号鸡蛋的话，一般要求1个蛋黄约20g、1个蛋白约40g。

黄油和油

黄油选用无盐黄油。一般烘焙使用无盐黄油即可，如果想品尝到黄油更地道的味道，可以尝试使用发酵黄油，制作的点心风味更加浓厚、纯粹。制作蛋糕卷和戚风蛋糕会使用太白胡麻油、制作挞派和司康会使用特级橄榄油。

其他乳制品

如果需要混合到面糊中，需选择乳脂含量45%～47%的鲜奶油；如果制作蛋糕卷、用于装饰或直接食用，最好选择乳脂含量40%的鲜奶油。牛奶选用成分没有调整的；酸奶选用无糖、酸味柔和的。

工具

秤与计量勺

制作点心时正确计量材料是非常重要的，务必提前备好秤和计量勺。使用按下开关直接显示"0"的电子秤会更方便，可以选购精确到0.1g、0.5g的家庭用电子秤。

碗

首选口径约21cm或18cm、有一定深度的不锈钢碗。其次推荐备上口径16cm的小碗，以及可以用微波炉加热、耐高温的玻璃碗。

粉筛和笊篱

只要握住把手就可以单手完成筛粉步骤的粉筛（筛子）非常方便，也可以用网眼细密的笊篱替代。如果要筛质地稍粗糙的杏仁粉，最好使用网眼稍稀疏的笊篱。

烘焙模具

直径15cm的圆形模具、15cm×15cm的正方形模具、长18cm的磅蛋糕模具、直径7cm的玛芬模具，均是本书中常用的模具。这4款模具可以满足大多数点心的制作。圆形模具和正方形模具最好选用活底的，使用起来会更方便。

硅胶铲和打蛋器

刮刀部位为硅胶质地的铲子会更便于使用。一般打蛋器长度约25cm，我经常使用长度21cm的。硅胶铲和打蛋器都备上两个，如果再备上一个小一号的会更好。

电动打蛋器

鸡蛋充分打发、蛋白霜富有光泽且浓密，这是制作美味蛋糕坯的关键。相比手动打蛋器，电动打蛋器可以持续高速搅打，因此电动打蛋器是点心制作必不可少的工具之一。

烘焙用纸

可铺在模具和烤盘上的烘焙用纸。可以用于制作面坯不易成形的挞派和司康。

充满乐趣的小模具

直径10cm的圆形模具、长17.5cm的细长磅蛋糕模具、直径4.5cm的迷你玛芬模具。用外形小巧可爱的小尺寸模具制作出的点心非常适合馈赠好友。本书中偶尔也使用了小型模具。

本书规则

- 1大勺是15mL、1小勺是5mL。
- 油使用太白胡麻油、菜籽油、色拉油、米油等香气较淡的油。橄榄油使用特级初榨橄榄油。
- 微波炉加热时间以600W为标准。不同型号的微波炉会略有差异。使用的烤箱是瓦斯烤箱。因热源与型号不同，烘烤时间略有差异。以食谱中介绍的烘焙时间为标准，再根据实际情况酌情增减时间。

- 室温指的是20～23℃。黄油放置室温下，用手指按压，黄油较软，能按出凹痕。
- 关于打发，七分打发就是提起打蛋器，液体柔滑滴落，能描画出线条。八分打发就是提起打蛋器，打发物有稍弯的尖角。九分打发比八分打发更坚挺一些，打发物提起打蛋器，尖角直立。

松软的黄油蛋糕

味道简单、质地松软的一款蛋糕。湿润的口感或稍干掉渣的口感都非常好吃。
蛋液需要充分打发，面糊也要充分搅拌均匀。

材料（18cm×8cm×8cm 磅蛋糕模具，1 个份）

	低筋面粉·········· 90g		鸡蛋·········· 2 个	
A	泡打粉······· 1/8 小勺		细砂糖·········· 90g	
	盐·········· 少许	B	黄油·········· 90g	
			牛奶·········· 1 大勺	

准备工作

- 鸡蛋放置室温下回温。
- 模具内铺上烘焙用纸。

做法

1. 将材料 B 放入耐热容器内，容器底部浸在热水中（隔水加热），使材料溶化，继续保持材料温热 *。烤箱预热到 170℃。

2. 将鸡蛋打入碗内，用电动打蛋器搅打均匀，加入细砂糖，稍微搅拌。碗底浸在热水中，用电动打蛋器高速打发（图片 **a**）。待温度升至与人体体温一致时，从热水中取出。持续打发至泛白、细腻、蓬松的状态（图片 **b**）。电动打蛋器调至低速，慢慢搅打。

3. 将 **1** 分 2 ～ 3 次加入 **2** 内，每次都要用电动打蛋器沿着碗底翻拌（图片 **c**）。一次性将材料 A 筛入碗内（图片 **d**），用硅胶铲沿着碗底翻拌至没有干粉（图片 **e**）。

4. 将面糊倒入模具内，轻轻摇晃模具（图片 **f**），放入 170℃烤箱内烘烤 40 分钟左右。

* 也可以用微波炉加热至熔化，然后持续保温。

a 鸡蛋加热并充分打发。热水温度约 70℃。待鸡蛋温度达到 35 ～ 40℃时，从热水中取出。

b 充分打发至提起打蛋器蛋液慢慢流下且痕迹慢慢消失的状态。

c 黄油容易沉底，电动打蛋器或手动打蛋器需沿着碗底搅打。

d 筛入粉类。可以提前在准备工作时将粉类过一遍筛。然后再次筛入碗内时，面糊会更细腻。

e 搅拌至完全看不到干面粉，面糊呈现出光泽、细腻的状态。

f 因为面糊黏稠蓬松，需要轻轻摇晃模具，使面糊平整。

> **装饰**
>
> ### 用剩余的蛋糕与玻璃杯轻松打造乳脂松糕风
>
> 食用时，可将黄油蛋糕切成小块，挤上打发的鲜奶油，再搭配上方便食用的罐头甜杏，撒上开心果碎。
>
> 原味蛋糕坯可以与任何水果搭配食用，也可以与鲜奶油搭配食用。分切蛋糕时剩余的蛋糕也可以吃出华丽感。
>
> 用果酱瓶等带瓶盖的容器盛装，便于保存和携带。

升级款

赤砂糖核桃黄油蛋糕

用赤砂糖替代细砂糖，品尝最自然、朴实的甜味。赤砂糖与核桃搭配在一起，更好地突出了口感和风味。

材料（18cm×8cm×8cm 磅蛋糕模具，1 个份）

A		B	
低筋面粉	90g	黄油	90g
泡打粉	1/8 小勺	牛奶	1 大勺
盐	少许	核桃	50g
鸡蛋	2 个	赤砂糖（装饰用）…	适量
赤砂糖	85g		

准备工作

● 鸡蛋放置室温下回温。

● 将核桃捣碎（放入保鲜袋内用擀面杖压碎）。

● 模具内铺上烘焙用纸。

做法

1 将材料 B 放入耐热容器内，容器底部浸在热水中（隔水加热），使材料溶化，继续保持材料温热*。烤箱预热到 170℃。

2 将鸡蛋打入碗内，用电动打蛋器搅打均匀，加入 85g 赤砂糖，稍微搅拌。碗底浸在热水中，用电动打蛋器高速打发。待温度升至与人体体温一致时，从热水中取出，持续打发至泛白、细腻、蓬松的状态。电动打蛋器调至低速慢慢搅打。

3 将 **1** 分 2～3 次加入 **2** 内，每次都要用电动打蛋器沿着碗底翻拌。一次性将材料 A 筛入碗内，用硅胶铲沿着碗底翻拌至没有干粉。

4 将面糊倒入模具内，轻轻摇晃模具。表面撒上核桃碎，用手指轻轻按压到面糊内，再筛上赤砂糖。放入 170℃烤箱内烘烤 40 分钟左右。

* 也可以用微波炉加热至熔化，然后持续保温。

升级款

咖啡巧克力碎黄油蛋糕

速溶咖啡与巧克力碎相融合，一款散发着浓郁摩卡咖啡风味的蛋糕。
也可以依个人喜好用板状巧克力或巧克力片替代烘焙用巧克力。

材料（18cm×8cm×8cm 磅蛋糕模具，1 个份）

A	低筋面粉	85g
	泡打粉	1/8 小勺
	盐	少许
	鸡蛋	2 个
	细砂糖	90g
B	黄油	90g
	牛奶	1/2 大勺
	烘焙用巧克力	25g
	速溶咖啡（颗粒）	1½ 大勺
	咖啡利口酒（卡鲁瓦）	1/2 大勺

装饰用 ————————————
鲜奶油	90g
糖粉	20g
咖啡利口酒（卡鲁瓦）	2 小勺
个人喜好的巧克力	适量

* 做好后的蛋糕可切成 12 块，可供 6 人享用。如果
觉得量太大，可以做成 1/4 ～ 1/2 的量。

准备工作

- 鸡蛋放置室温下回温。
- 将烘焙用巧克力切碎，放入冰箱内冷藏。
- 模具内铺上烘焙用纸。

做法

1 将材料 B 放入耐热容器内，容器底部浸在热水中（隔水加热），使材料溶化，继续保持材料温热*。烤箱预热到 170℃。

2 将鸡蛋打入碗内，用电动打蛋器搅打均匀，加入 90g 细砂糖，稍微搅拌。碗底浸在热水中，用电动打蛋器高速打发。待温度升至与人体体温一致时，从热水中取出，持续打发至泛白、细腻、蓬松的状态。电动打蛋器调至低速慢慢搅打。

3 将 **1** 分 2 ～ 3 次加入 **2** 内，每次都要用电动打蛋器沿着碗底翻拌。一次性将材料 A 筛入碗内，用硅胶铲沿着碗底翻拌至没有干粉后，依次加入速溶咖啡、巧克力、咖啡利口酒，每加入一种材料都需要仔细、迅速搅拌均匀。

4 将面糊倒入模具内，轻轻摇晃模具。放入 170℃烤箱内烘烤 40 分钟左右。

5 装饰。将 **4** 脱模，切成 12 等份，每 2 块放在 1 个盘子内。挤上打发的鲜奶油，再拌上糖粉和咖啡利口酒，最后撒上巧克力碎。

* 也可以用微波炉加热至熔化，然后持续保温。

材料（上部 19cm×13.5cm、下部 14.5cm×9cm 耐热烘焙方盘，2 个份）

A	低筋面粉	80g	B	黄油	80g
	杏仁粉	20g		牛奶	1 大勺
	泡打粉	1/8 小勺		洋梨（罐头装、半个）| 4 块
	盐	少许			
	鸡蛋	2 个			
	细砂糖	80g	糖霜		
			糖粉	30g
			柠檬汁	1 小勺

准备工作

● 鸡蛋放置室温下回温。

● 洋梨随意切成小块，用厨房用纸吸干水分。

● 烘焙方盘内涂上黄油（分量外）。

做法

1 将材料 B 放入耐热容器内，容器底部浸在热水中（隔水加热），使材料溶化，继续保持材料温热*。烤箱预热到 170℃。

2 将鸡蛋打入碗内，用电动打蛋器搅打均匀，加入 80g 细砂糖，稍微搅拌。碗底浸在热水中，用电动打蛋器高速打发。待温度升至与人体体温一致时，从热水中取出，持续打发至泛白、细腻、蓬松的状态。电动打蛋器调至低速慢慢搅打。

3 将 1 分 2～3 次加入 2 内，每次都要用电动打蛋器沿着碗底翻拌。一次性将材料 A 筛入碗内，用硅胶铲沿着碗底翻拌至没有干粉。

4 将面糊倒入烘焙方盘内，撒上洋梨块。放入 170℃烤箱内烘烤 30 分钟左右。

5 待 4 充分冷却后，制作糖霜。将糖粉与柠檬汁充分搅拌至黏稠，然后用勺子浇到 4 上。

* 也可以用微波炉加热至熔化，然后持续保温。

洋梨黄油蛋糕

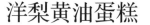

加入杏仁粉后，蛋糕风味更加丰富，口感更加细滑。除了使用洋梨，也可以使用杏罐头。

蓝莓蔓越莓黄油蛋糕

用小纸杯烘焙而成的小蛋糕非常可爱,适合当作礼物馈赠亲友。蛋糕面糊质地轻盈,加入有重量感的莓干,随意沉到面糊底部,非常有趣。

材料(直径 9cm 的烘焙纸杯,8 个份)

A	低筋面粉⋯⋯ 85g	B	黄油⋯⋯⋯⋯ 90g
	泡打粉⋯⋯1/8 小勺		牛奶⋯⋯⋯1/2 大勺
	盐⋯⋯⋯⋯ 少许		蓝莓干⋯⋯⋯ 25g
	鸡蛋⋯⋯⋯⋯ 2 个		蔓越莓干⋯⋯ 25g
	细砂糖⋯⋯⋯ 90g		柠檬汁⋯⋯1/2 大勺

准备工作

- 鸡蛋放置室温下回温。
- 可根据个人喜好在纸杯内铺上烘焙用纸。

做法

1 将材料 B 放入耐热容器内,容器底部浸在热水中(隔水加热),使材料溶化,继续保持材料温热*。烤箱预热到 170℃。

2 将鸡蛋打入碗内,用电动打蛋器搅打均匀,加入 90g 细砂糖,稍微搅拌。碗底浸在热水中,用电动打蛋器高速打发。待温度升至与人体体温一致时,从热水中取出,持续打发至泛白、细腻、蓬松的状态。电动打蛋器调至低速慢慢搅打。

3 将 **1** 分 2 ~ 3 次加入 **2** 内,每次都要用电动打蛋器沿着碗底翻拌。一次性将材料 A 筛入碗内,用硅胶铲沿着碗底翻拌至没有干粉后加入蓝莓干、蔓越莓干、柠檬汁,然后仔细、迅速搅拌均匀成光滑的面糊。

4 将面糊倒入纸杯内,放入 170℃烤箱内烘烤 20 ~ 25 分钟。

*也可以用微波炉加热至熔化,然后持续保温。

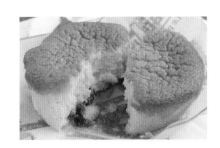

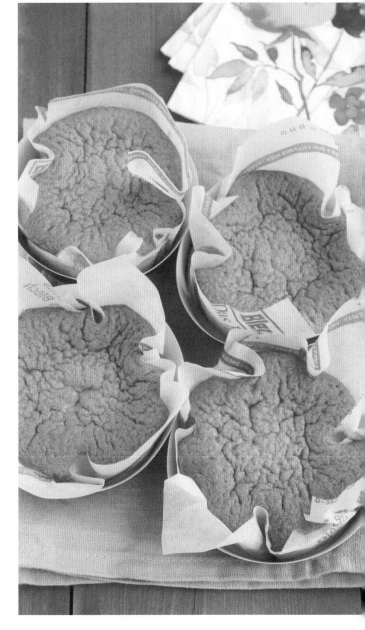

丝滑黄油蛋糕

这也是一款松软的蛋糕，因为加入蛋白霜后又依次加入了各种材料，所以质地更加细腻，口感极为丝滑。

材料（15cm×15cm 方形模具，1 个份）

A	低筋面粉	80g
	泡打粉	1/4 小勺
	蛋黄	2 个
B	蛋清	2 个
	盐	少许
	细砂糖	70g

C	黄油	70g
	牛奶	1 大勺
	蜂蜜	5g

准备工作

● 模具内铺上烘焙用纸。

做法

1 将材料 C 放入耐热容器内，容器底部浸在热水中（隔水加热），使材料溶化，继续保持材料温热 *。烤箱预热到 170℃。

2 将材料 B 倒入碗内，一点点加入细砂糖，同时用电动打蛋器打发（图片 **b**）。打发至提起打蛋器有尖角、蓬松、细腻的状态（图片 **c**）后，加入蛋黄，再继续搅打均匀（图片 **d**）。

3 将材料 A 筛入 **2** 内，用硅胶铲沿着碗底翻拌（图片 **e**），待还有少许干粉（图片 **f**）时加入 **1**，快速、仔细搅拌成蓬松、细滑的面糊（图片 **g**）。

4 将面糊倒入模具内（图片 **h**），轻轻摇晃模具，放入 170℃烤箱内烘烤 30～35 分钟。

* 也可以用微波炉加热至溶化，然后持续保温。

a 将黄油与牛奶一并隔水加热至溶化后，耐热容器的碗底继续浸在 50～60℃的热水内，这样蛋糕质地会更细腻。

b 将细砂糖分 5～6 次加入，同时用电动打蛋器高速打发。

c 提起打蛋器，蛋白呈现出尖角、细腻并富有光泽、体积膨大的状态后，停止搅打。

d 用打蛋器以画圆方式迅速搅拌蛋黄，使其充分与蛋白霜混合。

e 用硅胶铲大幅度翻拌。同时注意刮掉粘在碗侧和硅胶铲上的面糊。

f 面粉混合完毕后，待还有少许干粉时加入黄油溶液，然后继续搅拌，无须搅拌均匀。

g 面糊呈现松软、体积膨大、细腻且富有光泽的状态时最佳。

h 将面糊倒入模具内，用硅胶铲将残留在碗内的面糊刮落到模具内。

▶ 装饰 ▶

蛋糕切小块后装饰更时尚

将蛋糕切成骰子状，用勺子淋上烘焙用巧克力液，趁巧克力未干透时，放上香橙丝，最后再装饰上色彩丰富的水果干或坚果，更显华丽。情人节装饰蛋糕时，也可以将蛋糕裹满溶化的巧克力。或者，先将蛋糕切成长方形，再用模具抠成圆形蛋糕。总之，发挥你的想象，玩转各种装饰风格。

杏子黄油蛋糕

将切碎的杏子加入面糊内，增添些许酸甜口味。也可用直径 15cm 的圆形模具烘焙，更显可爱。烘焙时间和温度与方形模具相同。

材料（15cm×15cm 方形模具，1 个份）

A
- 低筋面粉·················· 80g
- 泡打粉·················· 1/4 小勺
- 蛋黄·················· 2 个

B
- 蛋清·················· 2 个
- 盐·················· 少许
- 细砂糖·················· 70g

C
- 黄油·················· 50g
- 蜂蜜·················· 5g

杏子（罐头）·················· 约 80g

* 按照右侧准备工作中计量。

准备工作

- 用厨房用纸吸干杏子多余的水分，然后用叉子碾碎，预留出 70g。
- 模具内铺上烘焙用纸。

做法

1 将材料 C 放入耐热容器内，容器底部浸在热水中（隔水加热），使材料溶化，继续保持材料温热*。烤箱预热到 170℃。

2 将材料 B 倒入碗内，一点点加入细砂糖，同时用电动打蛋器打发。打发至提起打蛋器有尖角、蓬松、细腻的状态后，加入蛋黄，再继续搅打均匀。

3 将材料 A 筛入 **2** 内，用硅胶铲沿着碗底翻拌，待还有少许干粉时加入 **1**，快速、仔细搅拌成蓬松、细滑的面糊。

4 将面糊倒入模具内，轻轻摇晃模具，放入 170℃烤箱内烘烤 35 分钟左右。

* 也可以用微波炉加热至熔化，然后持续保温。

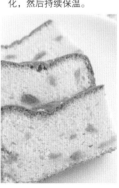

材料（9.5cm×9.5cm×5cm 的烘焙纸杯，4 个份）

A	低筋面粉……… 80g	C	黄油……… 70g	朗姆酒糖霜 –––––––––––
	泡打粉……… 1/4 小勺		牛奶……… 1 大勺	糖粉……… 30g
	蛋黄……… 2 个		蜂蜜……… 5g	朗姆酒……… 1 小勺
B	蛋清……… 2 个	D	杏仁碎……… 30g	
	盐……… 少许		肉桂粉……… 1/2 小勺	**准备工作**
	细砂糖……… 70g		细砂糖……… 1/2 小勺	●将材料 D 充分混合备用。

做法

1 将材料 C 放入耐热容器内，容器底部浸在热水中（隔水加热），使材料溶化，继续保持材料温热 *。烤箱预热到 170℃。

2 将材料 B 倒入碗内，一点点加入细砂糖，同时用电动打蛋器打发。打发至提起打蛋器有尖角、蓬松、细腻的状态后，加入蛋黄，再继续搅打均匀。

3 将材料 A 筛入 **2** 内，用硅胶铲沿着碗底翻拌，待还有少许干粉时加入 **1**，快速、仔细搅拌成蓬松、细滑的面糊。

4 将 1/3 量的 **3** 分别倒入纸杯内，再撒入 1/3 量的材料 D，如此反复，最后放入 170℃烤箱内烘烤 20 ～ 25 分钟。

5 待 **4** 出炉冷却后，制作朗姆酒糖霜。将糖粉与朗姆酒充分混合黏稠后，用勺子淋到 **4** 上。

＊也可以用微波炉加热至熔化，然后持续保温。

肉桂黄油蛋糕

升级款

将肉桂粉与杏仁加入原味的蛋糕糊内，再装饰上糖霜。也可以用核桃替代杏仁。

材料（直径 18cm 的环形模具，1 个份）

A	低筋面粉············	75g	C	黄油·················	70g
	泡打粉··········	1/4 小勺		鲜奶油··········	20g
	蛋黄··············	2 个		红茶叶·············	4g
B	蛋清··············	2 个		烘焙用巧克力········	35g
	盐················	少许			
	细砂糖············	70g			

准备工作

● 将烘焙用巧克力切碎后放入耐热容器内，隔水加热至熔化*。

● 模具内涂上薄薄一层黄油，再撒上高筋面粉（均分量外）。

* 也可以用微波炉加热至熔化。

做法

1 将材料 C 放入耐热容器内，容器底部浸在热水中（隔水加热），使材料溶化，然后加入红茶叶搅拌，继续保持材料温热*。烤箱预热到 170℃。

2 将材料 B 倒入碗内，一点点加入细砂糖，同时用电动打蛋器打发。打发至提起打蛋器有尖角、蓬松、细腻的状态后，加入蛋黄，再继续搅打均匀。

3 将材料 A 筛入 **2** 内，用硅胶铲沿着碗底翻拌，待还有少许干粉时加入 **1**，快速、仔细搅拌成蓬松、细滑的面糊。

4 取 1/4 量的 **3** 放入另 1 个碗内，加入溶化的巧克力，搅拌均匀。再倒回 **3** 的碗内，大幅度搅拌 1～2 下，呈现出大理石纹。

5 将面糊倒入模具内，轻轻摇晃模具，放入 170℃烤箱内烘烤 35～40 分钟。

* 也可以用微波炉加热至熔化，然后持续保温。

红茶巧克力黄油蛋糕

升级款

蛋糕糊内加入了红茶叶，香气更加浓郁。然后用溶化的巧克力呈现出大理石纹。如果用鲜奶油替代牛奶，效果更佳，蛋糕口感更加华丽。

姜汁黄油蛋糕

加入生姜汁，口感非常像饴糖。淋上姜汁糖霜，辛辣的生姜风味更加浓厚。

材料（8cm×3cm 纸质迷你磅蛋糕模具，7 个份）

A
┌ 低筋面粉·············· 80g
└ 泡打粉············· 1/4 小勺

  蛋黄·············· 2 个

B
┌ 蛋清·············· 2 个
└ 盐············· 少许

  细砂糖·········· 70g

C
┌ 黄油·············· 70g
│ 蜂蜜·············· 5g
└ 生姜汁·········· 1 大勺

  炒熟白芝麻········ 适量

姜汁糖霜 ——————————
糖粉················ 30g
生姜汁 *········· 1 小勺

* 生姜擦丝后挤出的汁。

做法

1 将材料 C 放入耐热容器内，容器底部浸在热水中（隔水加热），使材料溶化，继续保持材料温热 *。烤箱预热到 170℃。

2 将材料 B 倒入碗内，一点点加入细砂糖，同时用电动打蛋器打发。打发至提起打蛋器有尖角、蓬松、细腻的状态后，加入蛋黄，再继续搅打均匀。

3 将材料 A 筛入 **2** 内，用硅胶铲沿着碗底翻拌，待还有少许干粉时加入 **1**，快速、仔细搅拌成蓬松、细滑的面糊。

4 将面糊倒入模具内，轻轻摇晃模具，放入 170℃烤箱内烘烤 20 分钟左右。

5 待 **4** 出炉冷却后，制作姜汁糖霜。将糖粉与姜汁搅拌至黏稠状，用勺子淋到 **4** 上。最后撒上白芝麻。

* 也可以用微波炉加热至熔化，然后持续保温。

奶油蛋糕

如果不加黄油，加入打发好的浓稠鲜奶油，蛋糕糊会更加细滑、温和。可以加入酸味水果和味道浓郁的原料，味道更加相得益彰。

材料（直接 15cm 的圆形模具，1 个份）

A
- 低筋面粉……………… 40g
- 杏仁粉………………… 40g
- 泡打粉……………… 1/4 小勺
- 盐…………………… 少许

鸡蛋…………………… 1 个
细砂糖………………… 50g
鲜奶油………………… 65g

准备工作
- 鸡蛋放置室温下回温。
- 模具内铺上烘焙用纸。
- 烤箱预热到 170℃。

做法

1 将鸡蛋放入碗内，用电动打蛋器搅匀，加入细砂糖后高速打发*。待蛋黄搅打至泛白、蓬松状态后，打蛋器调至低速，慢慢继续搅拌。

2 将鲜奶油放入另 1 个碗内，用电动打蛋器（不用清洗直接使用）打发成黏稠的奶油状。

3 将 **2** 加入 **1** 内，用电动打蛋器大幅度搅拌。筛入材料 A，用硅胶铲翻拌，迅速搅拌光滑。

4 将面糊倒入模具内，轻轻晃动模具，放入 170℃ 烤箱内烘烤 25 ～ 30 分钟。

* 隔水加热更易于打发。

装饰

不输给任何茶点，用勺子淋上奶油装饰

非常适合与闺蜜下午茶时间享用，不需要什么技巧就可装饰得很可爱。将蛋糕放入容器内，用勺子淋上打发的鲜奶油，让奶油自由滴落。然后用茶筛轻轻筛上糖粉。

可以搭配各类时令水果，秋天的洋梨和葡萄、冬天的草莓、春天的葡萄、夏天的樱桃等都可以。

和三盆糖奶油蛋糕

用米粉替代低筋面粉、和三盆糖替代细砂糖，制作成和风气息满满的点心。
和三盆糖甜度适中，且更高雅。

材料（5.5cm×5.5cm 烘焙纸杯，7 个份）

	米粉··················	40g	鸡蛋··················	1 个
A	杏仁粉··············	40g	和三盆糖··············	50g
	泡打粉··············	1/4 小勺	鲜奶油··············	65g
	盐··················	少许		

装饰用 ------------
糖粉·················· 适量

准备工作

● 鸡蛋放置室温下回温。

● 烤箱预热到 170℃。

做法

1 将鸡蛋放入碗内，用电动打蛋器搅匀，加入和三盆糖后高速打发*。待蛋黄搅打至泛白、蓬松状态后，打蛋器调至低速，慢慢继续搅拌。

2 将鲜奶油放入另 1 个碗内，用电动打蛋器（不用清洗直接使用）打发成黏稠的奶油状。

3 将 **2** 加入 **1** 内，用电动打蛋器大幅度搅拌。筛入材料 A，用硅胶铲翻拌，迅速搅拌光滑。

4 将面糊倒入纸杯内，轻轻晃动纸杯，放入 170℃ 烤箱内烘烤 16～20 分钟。

5 装饰。**4** 出炉冷却后，用茶筛筛上糖粉即可。

* 隔水加热更易于打发。

材料（15cm × 15cm 方形模具，1 个份）

	低筋面粉··············	25g	鸡蛋··············	1 个
	可可粉··············	15g	细砂糖··············	50g
A	杏仁粉··············	40g	鲜奶油··············	65g
	泡打粉··············	1/4 小勺		
	盐··············	少许		

准备工作

● 鸡蛋放置室温下回温。

● 模具内铺上烘焙用纸。

● 烤箱预热到 170℃。

做法

1 将鸡蛋放入碗内，用电动打蛋器搅匀，加入细砂糖后高速打发 *。待蛋黄搅打至泛白、蓬松状态后，打蛋器调至低速，慢慢继续搅拌。

2 将鲜奶油放入另 1 个碗内，用电动打蛋器（不用清洗直接使用）打发成黏稠的奶油状。

3 将 **2** 加入 **1** 内，用电动打蛋器大幅度搅拌。筛入材料 A，用硅胶铲翻拌，迅速搅拌光滑。

4 将面糊倒入模具内，轻轻晃动模具，放入 170℃烤箱内烘烤 25 ~ 30 分钟。

* 隔水加热更易于打发。

可可奶油蛋糕

用可可粉代替部分粉类，蛋糕融合了奶油的香滑和可可的微苦，非常像质地滑润轻盈的巧克力蛋糕。再搭配上打发的奶油，味道更佳。

朗姆酒栗子奶油蛋糕

加入马斯卡彭奶酪后口感更醇厚，加入朗姆酒后味道更加浓郁。刷上少许朗姆酒，也可再筛上糖粉。

材料（直径 15cm 的圆形模具，1 个份）

A ┌ 低筋面粉·············40g
  │ 杏仁粉·············40g
  │ 泡打粉·············1/4 小勺
  └ 盐·············少许
    鸡蛋·············1 个
    细砂糖·············50g
    鲜奶油·············35g
    马斯卡彭奶酪·············30g
    栗子涩皮煮（日式带皮糖煮栗子）
    ·············100g

    装饰用 ——————————————
    朗姆酒·············适量

准备工作

● 鸡蛋放置室温下回温。
● 用厨房用纸吸干栗子涩皮煮的多余水分，切成 2 ～ 4 等份。
● 模具内铺上烘焙用纸。
● 烤箱预热到 170℃。

做法

1 将鸡蛋放入碗内，用电动打蛋器搅匀，加入细砂糖后高速打发 *。待蛋黄搅打至泛白、蓬松状态后，打蛋器调至低速，慢慢继续搅拌。

2 将鲜奶油、马斯卡彭奶酪放入另 1 个碗内，用电动打蛋器（不用清洗直接使用）打发成黏稠的奶油状。

3 将 **2** 加入 **1** 内，用电动打蛋器大幅度搅拌。筛入材料 A，用硅胶铲翻拌，迅速搅拌光滑。

4 将面糊倒入模具内，轻轻晃动模具，放入 170℃烤箱内烘烤 30 ～ 35 分钟。

5 装饰。**4** 出炉后，趁热用刷子在蛋糕表面刷上朗姆酒，使其渗透到蛋糕坯内。

* 隔水加热更易于打发。

满满的栗子涩皮煮，吃起来很满足。也可以使用栗子甘露煮，还可以加入煮好的黑豆、红薯等。

奶油玛芬

做法极其简单，无须打发，将材料放在一个碗内搅拌均匀后，即可烘焙成松软的玛芬蛋糕。
刚出炉食用和放到第二天食用是一样的，美味不打折扣。

材料（直径 7cm 玛芬模具，6 个份）

A ⎡ 低筋面粉…………… 90g
  ⎣ 泡打粉…………… 1 小勺
  杏仁粉…………… 30g
  鸡蛋…………… 1 个
  细砂糖…………… 60g
  盐…………… 少许
  酸奶…………… 35g
  鲜奶油…………… 100g

准备工作

● 鸡蛋放置室温下回温。

● 模具内铺上玻璃纸纸杯。

● 烤箱预热到 170℃。

做法

1 将鸡蛋放入碗内，用打蛋器搅打均匀，加入细砂糖和盐，充分搅拌。依次加入杏仁粉、酸奶、鲜奶油，每加入一种材料都需要充分搅拌均匀。

2 将材料 A 筛入碗内，用硅胶铲迅速翻拌至光滑。

3 面糊倒入模具内，放入 170℃烤箱内烘烤 25 分钟左右。

装饰

玛芬 + 糖霜 + 坚果 = 更美味的玛芬蛋糕

一般我们都用"糖霜 + 坚果"装饰玛芬。今天介绍给大家一种全新的装饰方法，用加入少许朗姆酒、口感温和的牛奶糖霜搭配奶油玛芬，口味更加独特。

关于牛奶糖霜的做法，糖粉 30g、牛奶 1 小勺、朗姆酒少许，充分搅拌后即可。坚果可以选择核桃和杏仁。还可以撒上少许肉桂粉和速溶咖啡粉。

材料（直径 7cm 玛芬模具，6 个份）

A	低筋面粉·········· 90g	酸奶··············· 30g
	泡打粉··········· 1 小勺	鲜奶油············ 100g
杏仁粉·········· 30g	柠檬汁·········· 1 小勺
鸡蛋··············· 1 个	柠檬丝············· 70g
细砂糖············ 60g	
盐··············· 少许	装饰用 ————————
	糖粉············· 适量

准备工作

● 鸡蛋放置室温下回温。

● 模具内铺上玻璃纸纸杯。

● 烤箱预热到 170℃。

做法

1 将鸡蛋放入碗内，用打蛋器搅打均匀，加入细砂糖和盐，充分搅拌。依次加入杏仁粉、酸奶、鲜奶油，每加入一种材料都需要充分搅拌均匀。

2 将材料 A 筛入碗内，用硅胶铲迅速翻拌，待还有少许干粉时，加入柠檬汁和柠檬丝，迅速搅拌至光滑。

3 面糊倒入模具内，放入 170℃烤箱内烘烤 25 分钟左右。

4 装饰。3 出炉冷却后，用茶筛筛上糖粉。

柠檬玛芬

升级款

加入柠檬丝，散发着清新香气的玛芬蛋糕。也可以用橙皮丝、柚子皮丝、葡萄干替代柠檬丝，味道也很好。

抹茶奥利奥玛芬

用抹茶粉替代部分粉类，让基础款玛芬蛋糕华丽变身。使用市面上销售的饼干，让蛋糕变得更生动。

材料（直径 7cm 玛芬模具，6 个份）

A	低筋面粉…………… 85g	细砂糖……………… 60g
	抹茶粉……………… 5g	盐………………… 少许
	泡打粉…………… 1 小勺	酸奶……………… 35g
	杏仁粉……………… 30g	鲜奶油…………… 100g
	鸡蛋………………… 1 个	奥利奥饼干……… 6 组

准备工作

● 鸡蛋放置室温下回温。

● 模具内铺上玻璃纸纸杯。

● 烤箱预热到 170℃。

做法

1 将鸡蛋放入碗内，用打蛋器搅打均匀，加入细砂糖和盐，充分搅拌。依次加入杏仁粉、酸奶、鲜奶油，每加入一种材料都需要充分搅拌均匀。

2 将材料 A 筛入碗内，用硅胶铲迅速翻拌至光滑。

3 面糊倒入模具内，用手将奥利奥饼干掰碎，放在面糊顶部（每个玛芬蛋糕放一组奥利奥饼干），放入 170℃烤箱内烘烤 25 分钟左右。

草莓奶酪玛芬

夹上草莓风味的奶酪奶油,蛋糕更加绵软。使用草莓酱将奶油染成粉红色,装饰效果更加美观、可爱。

材料(直径 7cm 玛芬模具,6 个份)

A ⎡ 低筋面粉……………… 90g
  ⎣ 泡打粉……………… 1 小勺
  杏仁粉……………… 30g
  鸡蛋……………… 1 个
  细砂糖……………… 60g
  盐……………… 少许
  酸奶……………… 30g
  鲜奶油……………… 100g

草莓味奶酪奶油 ————————
  草莓酱……………… 45g
  马斯卡彭奶酪……… 45g

草莓糖霜 ————————————
  糖粉……………… 30g
  草莓酱……………… 2 小勺

做法

1 将鸡蛋放入碗内,用打蛋器搅打均匀,加入细砂糖和盐,充分搅拌。依次加入杏仁粉、酸奶、鲜奶油,每加入一种材料都需要充分搅拌均匀。

2 将材料 A 筛入碗内,用硅胶铲迅速翻拌至光滑。

3 将半份 **2** 分别倒入模具内,然后加入草莓味奶酪奶油,再倒入剩下的 **2**。放入 170℃烤箱内烘烤 25 分钟左右。

4 待 **3** 出炉冷却后,制作草莓糖霜。将糖粉与草莓酱充分搅拌至浓稠,用勺子淋到 **3** 上。可根据个人喜好,用茶筛筛上糖粉(分量外)。

准备工作

● 鸡蛋放置室温下回温。
● 将制作草莓味奶酪奶油的材料搅拌均匀后备用。
● 模具内铺上玻璃纸纸杯。
● 烤箱预热到 170℃。

玛芬蛋糕内夹上草莓味奶酪奶油。也可以用奶油奶酪、酸奶油替代马斯卡彭奶酪,奶油味道俱佳。

浓醇巧克力蛋糕

简单易做的巧克力蛋糕。稍微有些黏糊，但味道丰富，入口即化。出炉冷却后可以放在冰箱内冷藏，第二天拿出来食用，味道会更好。

材料（直径 15cm 圆形模具，1 个份）

烘焙用巧克力	120g	A	低筋面粉	10g
黄油	75g		细砂糖	55g
可可粉	15g		鸡蛋	2 个

准备工作

● 鸡蛋放置室温下回温。

● 烘焙用巧克力切碎。

● 模具内铺上烘焙用纸。

做法

1 将巧克力和黄油放入耐热碗内，碗底浸在热水中（隔水加热），使材料熔化 *1（图片 **a**）。烤箱预热到160℃。

2 另取1个碗放入鸡蛋，用电动打蛋器搅拌均匀。加入细砂糖，高速打发 *2。打发至泛白、蓬松状态后，电动打蛋器调至低速，慢慢搅打。筛入材料A，用打蛋器搅拌至光滑。（图片 **b**）

3 舀起 **2** 加入 **1** 内（图片 **c**），用打蛋器充分搅拌（图片 **d**）。加入约1/3量的 **2**，用硅胶铲轻轻搅拌，再倒回 **2** 的碗内（图片 **e**），迅速、仔细搅拌至均匀（图片 **f**）。

4 将面糊倒入模具内，轻轻晃动模具，放入160℃烤箱内烘烤40～45分钟。

*1 也可以用微波炉加热至熔化。
*2 隔水加热更易于打发。

a 一次性筛入粉类，用打蛋器搅拌至富有光泽、光滑的状态。

b 打发至提起打蛋器，面糊留下的痕迹一段时间后才会消失，即充分打发。

c 用电动打蛋器或手动打蛋器舀起面糊，加入 **a** 内，搅拌均匀。

d 第一次将鸡蛋面糊加入巧克力黄油溶液后，需充分搅拌至黏稠。

e 第二次加入鸡蛋面糊，轻轻搅拌，然后再倒回鸡蛋面糊碗内。

f 用硅胶铲沿着碗底迅速搅拌至面糊光滑、富有光泽。

装饰

用不同的模具烘焙，用奶油或饼干装饰

一般我们会用圆形模具烘焙巧克力蛋糕，其实也可以用细长型的磅蛋糕模具烘焙，形状与味道都会产生截然不同的效果。这里使用的是17.5cm×5.7cm×6cm的磅蛋糕模具，上述配料可烘焙2个份。烘焙温度160℃、烘焙时间25分钟左右。分切后，挤上打发的鲜奶油，再装饰上迷你奥利奥饼干，即可享用了！

朗姆酒渍葡萄干巧克力蛋糕

葡萄干与巧克力的搭配可谓是相得益彰。葡萄干可以切碎拌到面糊里，也可以直接使用。

材料（直径 15cm 圆形模具，1 个份）

烘焙用巧克力	120g	
黄油	75g	
A 可可粉	15g	
低筋面粉	10g	
细砂糖	55g	
鸡蛋	2 个	

葡萄干	60g
朗姆酒	20mL

装饰用 −−−−−−−−−−−−−
鲜奶油、薄荷叶… 各适量

准备工作

● 鸡蛋放置室温下回温。

● 烘焙用巧克力切碎备用。

● 葡萄干切碎，与朗姆酒混合。用微波炉加热 45 ～ 50 秒，冷却备用。

● 模具内铺上烘焙用纸。

做法

1 将巧克力和黄油放入耐热碗内，碗底浸在热水中（隔水加热），使材料熔化[*1]。烤箱预热到 160℃。

2 另取 1 个碗放入鸡蛋，用电动打蛋器搅拌均匀。加入细砂糖，高速打发[*2]。打发至泛白、蓬松状态后，电动打蛋器调至低速，慢慢搅打。筛入材料 A，用打蛋器搅拌至光滑。

3 舀起 2 加入 1 内，用打蛋器充分搅拌。加入约 1/3 量的 2，用硅胶铲轻轻搅拌，再倒回 2 的碗内，迅速、仔细搅拌至均匀。加入朗姆酒与葡萄干混合物，整体搅拌均匀。

4 将面糊倒入模具内，轻轻晃动模具，放入 160℃烤箱内烘烤 40 ～ 45 分钟。

5 装饰。4 出炉冷却后脱模，分切成小块后盛放在盘内。挤上打发的鲜奶油，再装饰上薄荷叶。

*1 也可以用微波炉加热至熔化。
*2 隔水加热更易于打发。

甘薯巧克力蛋糕

加入甜煮甘薯，巧克力蛋糕散发着浓浓的和风气息。甜煮甘薯可以使用市场上购买的成品，也可以使用栗子甘露煮。

材料（直径 4.5cm 迷你玛芬模具，24 个份）

烘焙用巧克力	120g
黄油	75g
低筋面粉	20g
细砂糖	55g
鸡蛋	2 个

甜煮甘薯 ──────────────

甘薯	净重 80g
细砂糖	15g
盐	1 小撮

装饰用 ──────────────

鲜奶油、巧克力卷	各适量

准备工作

- 鸡蛋放置室温下回温。
- 烘焙用巧克力切碎备用。
- 模具内铺上玻璃纸纸杯。

做法

1 制作甜煮甘薯。将甘薯去皮随意切小块，过水冲洗。滤干甘薯上的水分，然后与细砂糖、盐一并放入锅内，加入可没过材料的水，不盖锅盖，中火加热。煮沸后，转小火继续加热至水分蒸发完，然后冷却备用。

2 将巧克力和黄油放入耐热碗内，碗底浸在热水中（隔水加热），使材料熔化[*1]。烤箱预热到160℃。

3 另取 1 个碗放入鸡蛋，用电动打蛋器搅拌均匀。加入细砂糖，高速打发[*2]。打发至泛白、蓬松状态后，电动打蛋器调至低速，慢慢搅打。筛入低筋面粉，用打蛋器搅拌至光滑。

4 舀起 **3** 加入 **2** 内，用打蛋器充分搅拌。加入约 1/3 量的 **3**，用硅胶铲轻轻搅拌，再倒回 **3** 的碗内，迅速、仔细搅拌至均匀。加入朗姆酒与葡萄干混合物，整体搅拌均匀。

5 将一半的 **4** 分别倒入模具内，再分别加入 **1**，最后再倒入剩下的

4 放入 160℃烤箱内烘烤 20 分钟左右。

6 装饰。**5** 出炉冷却后，将打发的鲜奶油装入星形裱花嘴内，挤到蛋糕顶部，巧克力卷折两半放在奶油上。

[*1] 也可以用微波炉加热至熔化。
[*2] 隔水加热更易于打发。

爆浆巧克力蛋糕

减少黄油的用量，加入杏仁粉，蛋糕更加轻盈，味道更悠长。隔水蒸出的蛋糕更加湿滑、爽口。

材料（17.5cm×5.7cm×6cm 磅蛋糕模具，1个份）

烘焙用巧克力………	35g	细砂糖……………	35g
黄油…………………	20g	杏仁粉……………	35g
鲜奶油………………	20g	可可粉……………	5g
鸡蛋…………………	1个		

准备工作

- 鸡蛋放置室温下回温。
- 烘焙用巧克力切碎备用。
- 模具内铺上烘焙用纸。模具有接口，需要用锡箔纸将外侧包裹严实。

做法

1 将巧克力和黄油放入耐热碗内，碗底浸在热水中（隔水加热），使材料熔化 *1。依次加入可可粉、鲜奶油，每加入一种材料都需要用打蛋器搅拌至光滑。烤箱预热到 160℃。

2 另取 1 个碗放入鸡蛋，用电动打蛋器搅拌均匀。加入细砂糖，高速打发 *2。打发至泛白、蓬松状态后，电动打蛋器调至低速，慢慢搅打。

3 舀起约 1/4 量的 **2** 加入 **1** 内，用打蛋器充分搅拌。再倒回 **2** 的碗内，用硅胶铲翻拌。待巧克力还没有完全搅拌均匀时，筛入杏仁粉，迅速搅拌均匀、蓬松。

4 将面糊倒入模具内，轻轻晃动模具，放入烤箱内。烤盘注入深 1 ～ 1.5cm 的热水，160℃蒸烤 35 ～ 40 分钟（中途水分蒸发完，需要补足水分）。

5 连同模具一并冷却，然后放入冰箱内冷藏 3 小时以上，待蛋糕充分融合。脱模、盛放在盘内，待恢复到常温后食用。可根据个人喜好，装饰上迷迭香等香草（分量外）。

*1 也可以用微波炉加热至熔化。
*2 隔水加热更易于打发。

用精心装饰后的巧克力蛋糕招待客人或馈赠他人

招待客人或馈赠他人时，可以装饰上水果干，美观大方。

用熔化的装饰用巧克力在蛋糕中央纵向画上数根线条，趁巧克力未干时，装饰上大块的无花果干、蓝莓干，再撒上开心果碎。

香蕉巧克力蛋糕

升级款

更换一种模具烘焙，让蛋糕来个简单的变身。用玛芬模具烘焙而成的香蕉巧克力蛋糕风格随意、方便食用，且适合馈赠他人。

材料（直径7cm玛芬模具，6个份）

烘焙用巧克力……………………… 35g

黄油……………………………… 20g

鸡蛋……………………………… 1个

细砂糖…………………………… 35g

杏仁粉…………………………… 35g

可可粉…………………………… 10g

香蕉…………… 净重80g（1小根）

准备工作

- 鸡蛋放置室温下回温。
- 烘焙用巧克力切碎备用。
- 香蕉去皮，用叉子碾成糊状。
- 模具内铺上玻璃纸纸杯。

做法

1 将巧克力和黄油放入耐热碗内，碗底浸在热水中（隔水加热），使材料熔化 *¹。依次加入可可粉、碾碎的香蕉，每加入一种材料都需要用打蛋器搅拌至光滑。烤箱预热到160℃。

2 另取1个碗放入鸡蛋，用电动打蛋器搅拌均匀。然后加入细砂糖，高速打发 *²。打发至泛白、蓬松状态后，电动打蛋器调至低速，慢慢搅打。

3 舀起约1/4量的**2**加入**1**内，用打蛋器充分搅拌。再倒回**2**的碗内，用硅胶铲翻拌。待巧克力还没有完全搅拌均匀时，筛入杏仁粉，迅速搅拌均匀、蓬松。

4 将面糊倒入模具内，轻轻晃动模具，放入烤箱内。烤盘注入深1～1.5cm的热水，160℃蒸烤30分钟左右（中途水分蒸发完，需要补足水分）。

5 连同模具一并冷却，然后放入冰箱内冷藏3小时以上，使蛋糕充分融合。待恢复到常温后食用。

*1 也可以用微波炉加热至熔化。
*2 隔水加热更易于打发。

香橙巧克力蛋糕

加入橙皮丝，散发出高雅香气的巧克力蛋糕。用磅蛋糕模具烘焙而成，可以切成小块享用。

材料（12cm×6.5cm×6.5cm 磅蛋糕模具，1 个份）

烘焙用巧克力………	35g	细砂糖………………	35g
黄油………………	20g	杏仁粉………………	40g
鲜奶油……………	20g	可可粉………………	5g
鸡蛋………………	1 个	橙皮丝………………	25g

准备工作

● 鸡蛋放置室温下回温。

● 烘焙用巧克力切碎备用。

● 将橙皮切成细丝备用。

● 模具内铺上烘焙用纸。模具有接口，需要用锡箔纸将外侧包裹严实。

做法

1 将巧克力和黄油放入耐热碗内，碗底浸在热水中（隔水加热），使材料熔化[*1]。依次加入可可粉、鲜奶油，每加入一种材料都需要用打蛋器搅拌至光滑。烤箱预热到160℃。

2 另取 1 个碗放入鸡蛋，用电动打蛋器搅拌均匀。加入细砂糖，高速打发[*2]。打发至泛白、蓬松状态后，电动打蛋器调至低速，慢慢搅打。

3 舀起约 1/4 量的 **2** 加入 **1** 内，用打蛋器充分搅拌。再倒回 **2** 的碗内，用硅胶铲翻拌。待巧克力还没有完全搅拌均匀时，筛入杏仁粉，迅速搅拌至均匀、蓬松。

4 将面糊倒入模具内，轻轻晃动模具，放入烤箱内。烤盘注入深 1 ~ 1.5cm 的热水，160℃蒸烤 50 分钟左右（中途水分蒸发完，需要补足水分）。

5 连同模具一并冷却，然后放入冰箱内冷藏3 小时以上，使蛋糕充分融合。脱模、分切盛放在盘内，待恢复到常温后食用。

*1 也可以用微波炉加热至熔化。
*2 隔水加热更易于打发。

烤乳酪蛋糕

只需将材料混合成细滑、黏稠的面糊，放入烤箱内烘烤即可。烤乳酪
蛋糕做法简单，是一款零失败的美味蛋糕。

材料（直径 15cm 活底圆形模具，1 个份）

奶油奶酪·················· 200g 　　鸡蛋··················· 2 个

酸奶油····················50g 　　低筋面粉················ 20g

鲜奶油···················· 100g 　　柠檬汁（可有可无 *）·····2 小勺

细砂糖····················80g

盐························ 少许 　　* 建议追求蛋糕清爽口感时使用。

准备工作

- 奶油奶酪、酸奶油、鸡蛋放置室温下回温。
- 模具内铺上烘焙用纸。
- 烤箱预热到 160℃。

做法

1 将变软的奶油奶酪、酸奶油、细砂糖、盐放入碗内，用打蛋器搅拌均匀。依次加入鲜奶油、鸡蛋、低筋面粉（筛入）、柠檬汁，每加入一种材料都需要充分搅拌均匀（也可以用食物搅拌器一次性搅拌均匀）。

2 用过滤器（或网眼密集的筛子）将面糊过滤到模具内，轻轻晃动模具，放入 160℃烤箱内烘烤 45 分钟左右。连同模具一并冷却，然后放入冰箱内冷藏，充分冷却。

装饰

撒上简单易做的奶酥提升满足感

没有基底的乳酪蛋糕也可以用奶酥增添酥脆的口感。

奶酥的制作非常简单。将低筋面粉 35g、杏仁粉 15g、细砂糖 15g、盐 1 小撮放入碗内，用打蛋器充分搅拌均匀（一并过筛），然后加入油 15g，用叉子或打蛋器搅拌成颗粒状，放入 170℃烤箱内烘烤 15 分钟左右。将乳酪蛋糕分切后盛放到盘内，挤上打发的鲜奶油，最后再撒上奶酥，请享用吧。

材料 (17.5cm×5.7cm×6cm 的磅蛋糕模具，1 个份)

奶油奶酪⋯⋯⋯⋯⋯⋯⋯⋯⋯	100g
酸奶油⋯⋯⋯⋯⋯⋯⋯⋯⋯⋯	40g
马斯卡彭奶酪⋯⋯⋯⋯⋯⋯⋯	50g
细砂糖⋯⋯⋯⋯⋯⋯⋯⋯⋯⋯	40g
盐⋯⋯⋯⋯⋯⋯⋯⋯⋯⋯⋯⋯	少许
鸡蛋⋯⋯⋯⋯⋯⋯⋯⋯⋯⋯⋯	1 个
低筋面粉⋯⋯⋯⋯⋯⋯⋯⋯⋯	10g
速溶咖啡粉⋯⋯⋯⋯⋯⋯⋯	1/2 大勺
咖啡利口酒（卡鲁瓦）⋯	1/2 大勺

准备工作

● 奶油奶酪、酸奶油、鸡蛋放置室温下回温。

● 模具内铺上烘焙用纸。

● 烤箱预热到 160℃。

做法

1 将变软的奶油奶酪、酸奶油、马斯卡彭奶酪、细砂糖、盐放入碗内，用打蛋器搅拌均匀。依次加入鸡蛋、低筋面粉（筛入）、咖啡利口酒，每加入一种材料都需要充分搅拌均匀（也可以用食物搅拌器一次性搅拌均匀）。用过滤器（或网眼密集的筛子）将面糊过筛。

2 取 1/4 量的 **1** 放入另 1 个碗内，加入速溶咖啡粉，充分搅拌均匀。

3 将 **1** 倒入模具内 1cm 高，随意倒入 **1** 和 **2**。轻轻晃动模具，放入 160℃烤箱内烘烤 30分钟左右。连同模具一并冷却，然后放入冰箱内冷藏，充分冷却。

咖啡双色乳酪蛋糕

升级款

加入马斯卡彭奶酪让咖啡口味的点心变得更加醇厚。如果没有马斯卡彭奶酪，可以用鲜奶油替代。

南瓜乳酪蛋糕

加入金黄色的南瓜做成一款散发着秋天气息的乳酪蛋糕，足量的蜂蜜增添了甜度。搭配酥脆的饼干，口感倍增。

材料（直径10cm圆形模具，2个份）

奶油奶酪……………………	100g	蜂蜜…………………………	10g
酸奶油……………………	30g	南瓜… 净重100g（约1/8个）	
鲜奶油……………………	50g		
细砂糖……………………	35g	基底 ———————————	
盐…………………………	少许	全麦饼干…………………	65g
鸡蛋………………………	1个	黄油………………………	30g
低筋面粉…………………	10g		

准备工作

● 奶油奶酪、酸奶油、鸡蛋放置室温下回温。

● 模具内铺上烘焙用纸。

做法

1 将南瓜切成大块，蒸锅蒸透，可用竹扦插一下，能轻松插入即为蒸透。也可以用微波炉加热熟透。去皮，用叉子碾碎。

2 制作基底。将全麦饼干放入保鲜袋内，用擀面杖碾压至细碎。黄油用微波炉加热至熔化，加入饼干碎内。铺到模具底部，裹上保鲜膜，放入冰箱内冷藏备用。烤箱预热到160℃。

3 将变软的奶油奶酪、酸奶油、细砂糖、盐放入碗内，用打蛋器搅拌均匀。依次加入鲜奶油、鸡蛋、低筋面粉（筛入）、蜂蜜、**1** 的南瓜，每加入一种材料都需要充分搅拌均匀（也可以用食物搅拌器一次性搅拌均匀）。用过滤器（或网眼密集的筛子）过筛。

4 倒入 **2** 的模具内，轻轻晃动模具，放入160℃烤箱内烘烤30分钟左右。连同模具一并冷却，然后放入冰箱内冷藏，充分冷却。

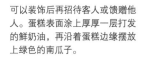

可以装饰后再招待客人或馈赠他人。蛋糕表面涂上厚厚一层打发的鲜奶油，再沿着蛋糕边缘摆放上绿色的南瓜子。

升级款

白豆馅日式乳酪蛋糕

想做一款可以搭配日本茶的乳酪蛋糕，于是加入了白豆馅，散发着些许和风气息。用迷你玛芬模具烘焙而成，是一款小巧美味的茶点。

材料（直径 4.5cm 玛芬模具，18 个份）

奶油奶酪	120g
酸奶油	30g
鲜奶油	50g
细砂糖	20g
盐	少许
鸡蛋	1 个
低筋面粉	10g
白豆馅	100g

装饰用 ——————————————

鲜奶油、黑豆（甜煮）、柠檬草…… 各适量

准备工作

- 奶油奶酪、酸奶油、鸡蛋放置室温下回温。
- 模具内铺上玻璃纸纸杯。
- 烤箱预热到 160℃。

做法

1 将变软的奶油奶酪、酸奶油、细砂糖、盐放入碗内，用打蛋器搅拌均匀。依次加入鲜奶油、鸡蛋、低筋面粉（筛入），每加入一种材料都需要充分搅拌均匀（也可以用食物搅拌器一次性搅拌均匀）。用过滤器（或网眼密集的筛子）将面糊过筛，再加入白豆馅，充分搅拌均匀。

2 将面糊倒入模具内，放入烤箱内。烤盘注入深 1 ～ 1.5cm 的热水，160℃蒸烤 20 分钟左右（中途水分蒸发完，需要补足水分）。连同模具一并冷却，然后放入冰箱内冷藏，充分冷却。

3 装饰。用勺子将打发的鲜奶油一点点加入 **2** 上，再装饰上黑豆、柠檬草。

材料（15cm×15cm 方形模具，1 个份）

奶油奶酪··············	120g	低筋面粉··············	10g
酸奶油··············	30g	抹茶粉··········	1/2 大勺
鲜奶油··············	50g		
细砂糖··············	45g	基底 — — — — — — — — —	
盐··············	少许	全麦饼干··············	65g
鸡蛋··············	1 个	黄油··············	30g

准备工作

- 奶油奶酪、酸奶油、鸡蛋放置室温下回温。
- 模具内铺上烘焙用纸。如果模具内有接口，需要用锡纸从外侧包裹严实。

做法

1 制作基底。将全麦饼干放入保鲜袋内，用擀面杖碾压至细碎。黄油用微波炉加热至熔化，加入饼干碎内。铺到模具底部，裹上保鲜膜，放入冰箱内冷藏备用。烤箱预热到 160℃。

2 将变软的奶油奶酪、酸奶油、细砂糖、盐放入碗内，用打蛋器搅拌均匀。依次加入鲜奶油、鸡蛋、低筋面粉（筛入），每加入一种材料都需要充分搅拌均匀（也可以用食物搅拌器一次性搅拌均匀）。用过滤器（或网眼密集的筛子）过筛。

3 取 1/4 量的 **2** 放入另 1 个碗内，筛入抹茶粉，充分搅拌均匀。

4 将剩余的 **2** 倒入 **1** 的模具内，再淋上 **3**，也可以借助竹扦轻轻画圆的方式描画出大理石纹。轻轻晃动模具，放入烤箱内，烤盘注入深 1 ~ 1.5cm 的热水，160℃蒸烤 30 分钟左右（中途水分蒸发完，需要补足水分）。连同模具一并散热，再放入冰箱内彻底冷却。

升级款

抹茶大理石纹乳酪蛋糕

将面糊内加入抹茶，制出大理石纹，再切成棒状。也可以发挥想象力，将做好的乳酪蛋糕切成更多富有创意的形状。

舒芙蕾乳酪蛋糕

用蛋白霜蒸烤而成的舒芙蕾乳酪蛋糕，入口即化，口感绵滑。用最简单的原料、最简洁的制作步骤，营造最纯真的味道。

材料（直径10cm活底圆形模具，2个份）

奶油奶酪	150g	柠檬汁	2小勺
蛋黄	2个	A｛ 蛋清	2个
鲜奶油	80g	A｛ 盐	少许
低筋面粉	20g	细砂糖	50g

准备工作

- 奶油奶酪放置室温下回温。
- 模具内铺上烘焙用纸（烘焙用纸需高出模具 1.5～2cm）。模具外侧包裹上锡纸。
- 烤箱预热到160℃。

46

做法

1 将变软的奶油奶酪放入碗内，用打蛋器搅打成奶油状。依次加入蛋黄、鲜奶油、低筋面粉（筛入），每加入一种材料都需要充分搅拌均匀（也可以用食物搅拌器一次性搅拌均匀）。用过滤器（或网眼密集的筛子）将面糊过筛，再加入柠檬汁，搅拌均匀。

2 将材料 A 放入另 1 个碗内，一点点加入细砂糖，同时用电动打蛋器搅打成蓬松、有尖角（打至七八分发）的状态。

3 舀一点 **2** 到 **1** 内，用电动打蛋器充分搅拌。加入约 1/3 量的 **2**，用硅胶铲轻轻搅拌均匀后，再倒回 **2** 内，迅速、仔细搅拌均匀。

4 将面糊倒入模具内，轻轻晃动模具，放入烤箱内。烤盘注入深 1～1.5cm 的热水，160℃蒸烤 25～30 分钟（中途水分蒸发完，需要补足水分）。连同模具一并散热，再放入冰箱内冷藏，充分冷却。

▎装饰 ▶

用"百里香花环 + 薄荷叶"装饰盘子

外观简洁的原味蛋糕如果不做装饰，略显寒酸。当然这种感觉也是因人而异。

在舒芙蕾乳酪蛋糕顶部涂上一层橘味利口酒和杏子果酱，再放上大块的杏子干，增添了橘黄色。将蛋糕放在白色的大盘内，用百里香和薄荷叶围成一圈，增添了绿色，配色更加养眼。

黑莓舒芙蕾乳酪蛋糕

升级款

将切碎的黑莓撒到面糊内，搅拌均匀。面糊质地黏稠，可以放在容量 1100mL 的耐热容器内烘烤，也可以分别放在小模具内烘烤。

材料（直径 15cm 活底圆形模具，1 个份）

奶油奶酪	120g	A ⎡ 蛋清	2 个
酸奶油	30g	⎣ 盐	少许
蛋黄	2 个	细砂糖	45g
鲜奶油	10g	黑莓（罐头）	80g
低筋面粉	20g		
柠檬汁	1 小勺	装饰用 ————————	
		鲜奶油	适量

准备工作

● 奶油奶酪、酸奶油放置室温下回温。
● 模具内铺上烘焙用纸（烘焙用纸需高出模具 1.5～2cm）。模具外侧用锡纸包裹。
● 用厨房用纸蘸干黑莓上多余的水分（取 65g），切碎备用。
● 烤箱预热到 150℃。

做法

1 将变软的奶油奶酪、酸奶油放入碗内，用打蛋器搅打成奶油状。依次加入蛋黄、鲜奶油、低筋面粉（筛入）、柠檬汁，每加入一种材料都需要充分搅拌均匀（也可以用食物搅拌器一次性搅拌均匀）。用过滤器（或网眼密集的筛子）将面糊过筛，然后加入柠檬汁和黑莓，用硅胶铲搅拌均匀。

2 将材料 A 放到另 1 个碗内，一点点加入细砂糖，同时用电动打蛋器搅打成蓬松、有尖角（打至七八分发）的状态。

3 舀一点 **2** 到 **1** 内，用硅胶铲充分搅拌。加入约 1/3 量的 **2**，用硅胶铲轻轻搅拌均匀，再倒回 **2** 内，迅速、仔细搅拌均匀。

4 将面糊倒入模具内，轻轻晃动模具，放入烤箱内。烤盘注入深 1～1.5cm 的热水，150℃蒸烤 1 小时左右（中途水分蒸发完，需要补足水分）。连同模具一并散热，然后放入冰箱内冷藏，充分冷却。

5 装饰。脱模、分切成小块后盛放在盘子内，挤上打发的鲜奶油。

材料（直径 7cm 挞派烤盅，6 个份）

奶油奶酪	60g
酸奶	15g
蛋黄	1 个
鲜奶油	40g
低筋面粉	10g
柠檬汁	1/2 小勺

A ⎡ 蛋清 …………… 1 个
⎣ 盐 …………… 少许

细砂糖	25g

焦糖芒果 ————————
芒果（罐头）	120g
细砂糖	1 大勺
水	1/2 小勺

装饰用 ————————
开心果、糖粉	各适量

准备工作

● 奶油奶酪放置室温下回温。

做法

1 制作焦糖芒果。用厨房用纸蘸干芒果上多余的水分，随意切成小块。将细砂糖与水放入锅内，开中火加热，不要摇晃锅，加热至细砂糖溶化。待出现浅茶色后，摇晃锅，让颜色均一，然后加入芒果丁，关火。烤箱预热到160℃。

2 将变软的奶油奶酪、酸奶放入碗内，用打蛋器搅打成奶油状。依次加入蛋黄、鲜奶油、低筋面粉（筛入），每加入一种材料都需要充分搅拌均匀（也可以用食物

搅拌器一次性搅拌均匀）。用过滤器（或网眼密集的筛子）过筛面糊，再加入柠檬汁，搅拌均匀。

3 将材料 A 放入另 1 个碗内，一点点加入细砂糖，同时用电动打蛋器搅打成蓬松、有尖角（打至七八分发）的状态。

4 舀一点 **3** 到 **2** 内，用电动打蛋器充分搅拌。加入约 1/3 量的 **3**，用硅胶铲轻轻搅拌均匀，再倒回 **3** 内，迅速、仔细搅拌均匀。

5 将面糊倒入模具内，再淋上 **1** 的焦糖芒果，用筷子画圆的方式搅拌，然后放入烤箱内。烤盘注入深 1～1.5cm 的热水，160℃蒸烤 20～25 分钟（中途水分蒸发完，需要补足水分）。连同模具一并散热，然后放入冰箱内冷藏，充分冷却。

6 装饰。撒上开心果碎，再用茶筛筛上糖粉。

焦糖芒果舒芙蕾乳酪蛋糕

水果焦糖与乳酪蛋糕口感非常搭。推荐使用新鲜的苹果或罐头装杏子等水果。

升级款

奶酥挞

将奶酥颗粒垫在模具底部，倒入杏仁奶油，放入烤箱内烘烤即可。
装饰上打发的鲜奶油、水果和坚果等，立现奢华感。

材料（直径 15cm 活底圆形模具，1 个份）

奶酥材料		杏仁奶油	
低筋面粉…………	50g	鸡蛋…………	1 个
A 细砂糖…………	15g	细砂糖…………	40g
盐…………	1 小撮	杏仁粉…………	60g
黄油…………	25g	低筋面粉…………	5g
		鲜奶油…………	35g

准备工作

- 鸡蛋放置室温下回温。
- 黄油用微波炉或隔水加热至熔化。
- 模具内涂上黄油（分量外）。
- 烤箱预热到180℃。

做法

1 制作奶酥。将材料A放入碗内，用打蛋器充分搅拌均匀（一并过筛）。浇入熔化的黄油，用叉子等工具迅速搅拌（图片 **a**），搅拌成粗糙的颗粒状（图片 **b**）。倒入模具内，均匀铺到模具底部（图片 **c**），然后用叉子插出若干排气孔。裹上保鲜膜，放在冰箱内冷藏备用。

2 制作杏仁奶油*。将鸡蛋放入另1个碗内，用打蛋器搅打均匀，再加入细砂糖，继续搅拌均匀（图片 **d**）。依次加入杏仁粉、低筋面粉（筛入）、鲜奶油，每加入一种材料都需要充分搅拌均匀（图片 **e**）。

3 将**2**的杏仁奶油倒入**1**内（图片 **f**），轻轻晃动模具，使奶油平铺到模具上。放入180℃烤箱内烘烤30 ～ 35 分钟。

* 使用食物搅拌器制作会更便捷。制作奶酥时，将材料A放入食物搅拌器内，搅拌几秒钟。然后加入熔化的黄油，反复开关电源，把材料混合成颗粒状即可。制作杏仁奶油时，将所有材料一并放入食物搅拌器内，搅拌至光滑即可。

a 用叉子或打蛋器用画圆的方式迅速搅拌。可以时不时轻轻转动碗，更有利于搅拌。

b 将熔化的黄油液倒入粉里，搅拌成有些潮湿感的颗粒状即可。

c 将奶酥倒入模具内，用手指摊平，并按压均匀。

d 制作杏仁奶油。全蛋液内加入细砂糖，然后依次加入材料，每加入一种材料都需要充分搅拌。

e 搅拌成黏稠、有光泽、且非常光滑的状态时，杏仁奶油就算做好了。

f 将杏仁奶油倒入冷藏好的装有奶酥的模具内。

装饰

方形模具烘焙而成的挞派分切成棒状后再装饰

用 15cm×15cm 的方形模具烘焙而成的挞派，可以分切成棒状，像棒状蛋糕一样，给人新鲜感。将熔化的装饰用白巧克力淋到挞派上，趁巧克力未干，摆放上小巧的水果干。也可以用打发的鲜奶油替代白巧克力，并装饰上新鲜的水果。

苹果挞

升级款

原味杏仁奶油内加入新鲜的苹果，就成了一款散发着浓郁果香味的苹果挞了。如果不介意，苹果可以不削皮，直接使用。

材料（直径15cm活底圆形模具，1个份）

奶酥材料 ―――――――

A	低筋面粉··············	50g
	细砂糖··············	15g
	盐··············	1小撮
黄油··············		25g

苹果杏仁奶油 ―――――――

鸡蛋··············	1个
细砂糖··············	40g
杏仁粉··············	60g
低筋面粉··············	10g
鲜奶油··············	35g
苹果····· 200g（1小个）	

装饰用 ―――――――

糖粉··············	适量

准备工作

● 鸡蛋放置室温下回温。

● 黄油用微波炉或隔水加热至熔化。

● 苹果去皮、去核，随意切成小丁。

● 模具内涂上黄油（分量外）。

● 烤箱预热到180℃。

做法

1 制作奶酥。将材料A放入碗内，用打蛋器充分搅拌均匀（一并过筛）。浇入熔化的黄油，用叉子等工具迅速搅拌成粗糙的颗粒状。倒入模具内，均匀铺到模具底部，然后用叉子插出若干排气孔。裹上保鲜膜，放在冰箱内冷藏备用。

2 制作苹果杏仁奶油。将鸡蛋放入另1个碗内，用打蛋器搅打均匀，再加入细砂糖，继续搅拌均匀。依次加入杏仁粉、低筋面粉（筛入）、鲜奶油，每加入一种材料都需要充分搅拌均匀。加入苹果丁，用硅胶铲搅拌均匀。

3 将**2**的苹果杏仁奶油倒入**1**的模具内，轻轻晃动模具，使奶油平铺到模具上。放入180℃烤箱内烘烤30～35分钟。

4 装饰。**3**出炉冷却后，用茶筛筛上糖粉。

椰林飘香挞

用椰子粉替代部分杏仁粉，就成了一款散发着热带水果甜蜜气息的奶油了。"菠萝＋椰子＋朗姆酒"的搭配，让椰林飘香挞像一款味道丰富的鸡尾酒。

材料（直径 15cm 活底圆形模具，1 个份）

奶酥材料 ----------------

A	低筋面粉·······	50g
	细砂糖·········	15g
	盐············	1 小撮
	黄油··········	25g

椰子杏仁奶油 ------------

鸡蛋················· 1 个

细砂糖··············· 40g

杏仁粉··············· 30g

椰子粉··············· 35g

低筋面粉············· 10g

鲜奶油··············· 30g

朗姆酒············· 1/2 大勺

菠萝（罐头、薄片）······· 3 片

糖粉················· 适量

准备工作

● 鸡蛋放置室温下回温。

● 黄油用微波炉或隔水加热至熔化。

● 将每一片菠萝按放射状切成 16 等份，然后用厨房用纸吸干多余水分备用。

● 模具内涂上黄油（分量外）。

● 烤箱预热到 180℃。

做法

1 制作奶酥。将材料 A 放入碗内，用打蛋器充分搅拌均匀（一并过筛）。浇入熔化的黄油，用叉子等工具迅速搅拌成粗糙的颗粒状。倒入模具内，均匀铺到模具底部，然后用叉子插出若干排气孔。裹上保鲜膜，放在冰箱内冷藏备用。

2 制作椰子杏仁奶油。将鸡蛋放入另 1 个碗内，用打蛋器搅打均匀，再加入细砂糖，继续搅拌均匀。依次加入杏仁粉、椰子粉、低筋面粉（筛入）、鲜奶油，每加入一种

材料都需要充分搅拌均匀。加入菠萝，用硅胶铲搅拌均匀。

3 将 **2** 的椰子杏仁奶油倒入 **1** 的模具内，轻轻晃动模具，使奶油平铺到模具上。用茶筛筛上足量的糖粉，放入 180℃烤箱内烘烤 30 ～ 35 分钟。

酸果酱挞

杏仁奶油内加入足量的酸果酱，底部和顶部都铺上奶酥，使其变身成一款三明治。奶酥不仅可以做挞派的基底，还可以洒在顶部，更加酥脆爽口。

材料（15cm×15cm 方形活底模具，1 个份）

奶酥材料 ————————
A	低筋面粉	80g
	杏仁粉	20g
	细砂糖	30g
	盐	1 小撮
黄油		50g

香橙杏仁奶油 ————————
鸡蛋	1 个
细砂糖	25g
杏仁粉	60g
低筋面粉	10g
鲜奶油	30g
橘味利口酒（也可用其他利口酒）	1/2 大勺
香橙酸果酱	80g

准备工作

● 鸡蛋放置室温下回温。

● 黄油用微波炉或隔水加热至熔化。

● 模具内涂上一层薄薄的黄油（分量外）。

● 烤箱预热到 180℃。

做法

1 制作奶酥。将材料 A 放入碗内，用打蛋器充分搅拌均匀（一并过筛）。浇入熔化的黄油，用叉子等工具迅速搅拌成粗糙的颗粒状。将 1/2 量的奶酥倒入模具内，均匀铺到模具底部，然后用叉子插出若干排气孔。裹上保鲜膜，放在冰箱内冷藏备用。

2 制作香橙杏仁奶油。将鸡蛋放入另 1 个碗内，用打蛋器搅打均匀，再加入细砂糖，继续搅拌均匀。依次加入杏仁粉、低筋面粉（筛入）、鲜奶油、橘味利口酒，每加入一种材料都需要充分搅拌均匀。加入香橙酸果酱，用硅胶铲搅拌均匀。

3 将 2 的香橙杏仁奶油倒入 1 的模具内，轻轻晃动模具，使奶油平铺到模具上。在表面撒上剩下的奶酥，用手指轻轻按压，放入 180℃烤箱内烘烤 30～35 分钟。

材料（直径 6cm 圆形模具，7 个份）

奶酥材料			豆沙馅奶油			装饰用		
低筋面粉	……	40g	鸡蛋	……	1 个	鲜奶油	……	80g
杏仁粉	……	10g	细砂糖	……	25g	朗姆酒	……	1/2 小勺
A 细砂糖	……	15g	杏仁粉	……	45g	赤砂糖	……	适量
盐	……	1 小撮	低筋面粉	……	5g			
黄油	……	25g	黄油	……	30g			
			豆沙馅	……	80g			
			核桃	……	50g			

准备工作

- 鸡蛋放置室温下回温。
- 黄油用微波炉或隔水加热至熔化。
- 核桃放在 160℃烤箱内烘烤 6 分钟左右，冷却后切碎备用。
- 模具内涂上一层薄薄的黄油（分量外）。
- 烤箱预热到 180℃。

做法

1 制作奶酥。将材料 A 放入碗内，用打蛋器充分搅拌均匀（一并过筛）。浇入熔化的黄油，用叉子等工具迅速搅拌成粗糙的颗粒状。倒入模具内，均匀铺到模具底部，然后用叉子插出若干排气孔。裹上保鲜膜，放在冰箱内冷藏备用。

2 制作豆沙馅奶油。将鸡蛋放入另 1 个碗内，用打蛋器搅打均匀，再加入细砂糖，继续搅拌均匀。依次加入杏仁粉、低筋面粉（筛入）、熔化的黄油、豆沙馅，每加入一种材料都需要充分搅拌均匀。加入核桃碎，用硅胶铲搅拌均匀。

3 将 **2** 的豆沙馅奶油倒入 **1** 的模具内，轻轻晃动模具，使奶油平铺到模具上，再放入 180℃烤箱内烘烤 30 ～ 35 分钟。

4 装饰。将鲜奶油和朗姆酒放入碗内搅打至八分打发，待 **3** 出炉冷却后，装饰到顶部，再筛上赤砂糖。

核桃豆沙馅迷你挞

升级款

用小型模具烘焙而成的点心别有一番与众不同的风情。豆沙馅的挞派搭配上核桃碎，味道更加丰富。

手包挞

不用模具，自由发挥制作而成的挞派。用手将面坯延展成形，尺寸可随意。出炉后分切成小块，再装饰上鲜奶油或冰淇淋，味道更佳。

材料【直径约 16cm 挞派，1 个份】

挞皮 ——————————

	低筋面粉	85g
A	杏仁粉	15g
	细砂糖	20g
	盐	1 小撮

黄油······················ 40g

鸡蛋················ 1/3 个（20g）

双重杏仁奶油 ——————

鸡蛋·············· 1/2 个（30g）

细砂糖····················· 20g

杏仁粉····················· 35g

低筋面粉···················· 5g

泡打粉··················· 1 小撮

鲜奶油····················· 20g

杏仁片····················· 40g

准备工作

● 鸡蛋放置室温下回温。

● 黄油用微波炉或隔水加热至熔化。

杏仁片放在160℃烤箱内烘烤6分钟左右，冷却备用。

● 烤箱预热到180℃。

做法

1 制作双重杏仁奶油。将鸡蛋放入碗内，用打蛋器搅打均匀，再加入细砂糖，充分搅拌。依次加入杏仁粉、低筋面粉（筛入）、泡打粉、鲜奶油，每加入一种材料都需要充分搅拌均匀。加入杏仁片，用硅胶铲搅拌均匀（图片 **a**）。

2 制作挞皮。另取 1 个碗放入材料 A（一并筛入），用打蛋器充分搅拌均匀。浇入熔化的黄油，用叉子等工具迅速搅拌成颗粒状（图片 **b**）。加入鸡蛋，用硅胶铲切拌均匀（搅拌时最好用硅胶铲按压）。搅拌均匀后，用手将材料迅速团成圆面团（图片 **c**）。

3 将 **2** 放在铺有烘焙用纸的操作台上，盖上保鲜膜，用擀面杖将面团擀成直径 22 ～ 23cm 的圆形（图片 **d**）。去掉保鲜膜，面皮周围留出 3 ～ 4cm 的空余，其他部位用叉子插出排气孔。将 **1** 倒入，用硅胶铲摊平。将挞皮向内侧折叠（图片 **e**），整理好形状。

4 连同烘焙用纸一并摆放在烤盘上，烤箱 180℃烘烤 30 分钟左右。

a 待杏仁奶油搅拌至光滑时，加入杏仁片。

b 迅速用叉子或打蛋器将材料搅拌至没有干粉，整体呈现颗粒状。搅拌时可以时不时摇晃碗。

c 用手将面团对折揉按数次，注意不要过度揉压面团。

d 将面团放在烘焙用纸上，再盖上保鲜膜，用擀面杖擀制。

e 将挞皮边缘捏出褶子后往内侧折叠。小心折叠，不要让夹馅露出来。

f 整理成形后，连同烘焙用纸一并摆放在烤盘上。如果烘焙用纸过大，可以用剪刀修剪。

装饰

用肉桂枫糖装饰，提升风味和外观

肉桂散发着一股特殊的香味，可以让原本味道单一的挞派散发出更丰富的风味。将糖粉 10g、枫糖浆 1 小勺、肉桂粉少许充分搅拌均匀后，用小勺以漩涡状淋到挞派上，也可以淋成斜线或格子，也可以随意滴上去，充分发挥你的想象力吧！

材料（直径约10cm挞派，4个份）

挞皮		杏仁奶油	
低筋面粉	85g	鸡蛋	1/2 个（30g）
杏仁粉	15g	细砂糖	20g
A 细砂糖	20g	杏仁粉	35g
盐	1 小撮	低筋面粉	5g
黄油	40g	泡打粉	1 小撮
鸡蛋	1/3 个（20g）	鲜奶油	20g
		板状巧克力	100g

depuis 1896

准备工作

● 鸡蛋放置室温下回温。

● 黄油用微波炉或隔水加热至熔化。

● 板状巧克力切成大片，放在冰箱内冷藏备用。

● 烤箱预热到180℃。

做法

1 制作杏仁奶油。将鸡蛋放入碗内，用打蛋器搅打均匀，再加入细砂糖，充分搅拌。依次加入杏仁粉、低筋面粉（筛入）、泡打粉、鲜奶油，每加入一种材料都需要充分搅拌均匀。

2 制作挞皮。另取1个碗放入材料A（一并筛入），用打蛋器充分搅拌均匀。浇入熔化的黄油，用叉子等工具迅速搅拌成颗粒状。加入打散的鸡蛋液，用硅胶铲切拌均匀（搅拌时最好用硅胶铲按压）。搅拌均匀后，用手将材料团成面团，分成4等份，团成圆形。

3 将 **2** 放在铺有烘焙用纸的操作台上，盖上保鲜膜，用擀面杖将面团擀成直径16～17cm的圆形。去掉保鲜膜，面皮周围留出3～4cm的空余，其他部位用叉子插出排气孔。将 **1** 倒入，用硅胶铲摊平，再撒上切好的板状巧克力块。将挞皮向内侧折叠，整理好形状。按照同样方法制作4个巧克力挞。

4 连同烘焙用纸一并摆放到烤盘上，烤箱180℃烘烤20～25分钟。

巧克力挞

升级款

挞皮是原味挞皮，把板状巧克力切大块裹进去当馅料，做成小份。用手边最简单的材料做出既受欢迎又简单的升级点心。

黄桃挞

加入酸奶油的杏仁奶油味道更加醇厚，酸味与黄桃的甜味相中和。
制作挞皮的鸡蛋换成了酸奶。

升级款

材料（直径约16cm 挞派，1个份）

挞皮 ——————————

A	低筋面粉	85g
	杏仁粉	15g
	细砂糖	20g
	盐	1 小撮
黄油		40g
酸奶		15g

黄桃杏仁奶油 ——————

鸡蛋	1/2 个（30g）
细砂糖	25g
杏仁粉	35g
低筋面粉	5g
泡打粉	1 小撮
酸奶油	30g
黄桃（罐头、半个装）	4 块

装饰用 —————————

薄荷叶	适量

准备工作

● 鸡蛋放置室温下回温。

● 黄油用微波炉或隔水加热至熔化。

● 黄桃切小丁，用厨房用纸吸干多余水分。

● 烤箱预热到180℃。

做法

1 制作黄桃杏仁奶油。将鸡蛋放入碗内，用打蛋器搅打均匀，再加入细砂糖，充分搅拌。依次加入杏仁粉、低筋面粉（筛入）、泡打粉、酸奶油，每加入一种材料都需要充分搅拌均匀。加入黄桃，用硅胶铲搅拌均匀。

2 制作挞皮。另取1个碗放入材料A（一并筛入），用打蛋器充分搅拌均匀。浇入熔化的黄油，用叉子等工具迅速搅拌成颗粒状。加入酸奶，用硅胶铲切拌均匀（搅拌时最好用硅胶铲按压）。搅拌均匀后，用手迅速将材料团成圆面团。

3 将 **2** 放在铺有烘焙用纸的操作台上，盖上保鲜膜，用擀面杖将面团擀成直径 22～23cm 的圆形。去掉保鲜膜，面皮周围留出 3～4cm 的空余，其他部位用叉子插出排气孔。将 **1** 倒入，用硅胶铲摊平。将挞皮向内侧折叠，整理好形状。

4 连同烘焙用纸一并摆放到烤盘上，烤箱 180℃烘烤 30 分钟左右。

5 装饰。**4** 出炉冷却后，将黄桃挞切成小份放在盘内，再装饰上薄荷叶。

番茄咸味挞

用橄榄油替代黄油制作而成的咸味挞。简单易做的咸味点心既可以佐餐，又可以当作小零食。

材料（直径约 12cm 挞派，3 个份）

挞皮 ————————————

A	低筋面粉	100g
	赤砂糖	1 小勺
	盐	1/4 小勺
	泡打粉	1/8 小勺
	橄榄油	35g
	牛奶	25g

夹馅 ————————————

小番茄 ……………… 24 个
颗粒芥末酱、比萨专用奶酪
……………………… 各适量

装饰用 ——————————

欧芹碎、胡椒粉…… 适量

准备工作

● 小番茄对切成 2 等份。
● 烤箱预热到 180℃。

做法

1 制作挞皮。将材料 A 放入碗内（一并筛入），用打蛋器充分搅拌均匀。浇入橄榄油，用叉子等工具迅速搅拌成颗粒状。加入牛奶，用硅胶铲切拌均匀（搅拌时最好用硅胶铲按压）。搅拌均匀后，用手迅速将材料揉成面团，再分成 3 等份，分别揉成圆形。

2 将 **1** 放在铺有烘焙用纸的操作台上，再盖上保鲜膜，用擀面杖将面团擀成直径 18 ～ 19cm 的圆形。去掉保鲜膜，面皮周围留出 3 ～ 4cm 的空余，其他部位用叉子插出排气孔。涂上颗粒芥末酱，再撒上比萨专用奶酪和小番茄。将挞皮向内侧折叠，整理好形状。按照同样方法制作 3 个。

3 连同烘焙用纸一并摆放到烤盘上，烤箱 180℃烘烤 25 分钟左右。撒上欧芹碎和胡椒粉。

蘑菇咸味挞

升级款

将各种喜欢的蘑菇自由搭配制作而成的蘑菇咸味挞。多种蘑菇组合到一起提升了鲜味。也可以加入大蒜片或大蒜碎。

材料（直径约16cm挞派，1个份）

挞皮 --------------------

A	低筋面粉	100g
	赤砂糖	1小勺
	盐	1/4小勺
	泡打粉	1/8小勺

橄榄油……………………………… 35g
蛋黄……………………………………… 1个
牛奶……………………………………… 10g

夹馅 --------------------

丛生口蘑……………………………… 1袋
杏鲍菇………………………………… 1袋
香菇…………………………………… 4个
盐、胡椒、比萨专用奶酪…各适量

准备工作

● 蛋黄与牛奶搅拌均匀备用。
● 烤箱预热到180℃。

做法

1 制作夹馅。将丛生口蘑、杏鲍菇、香菇摘除菌柄头，撕成合适大小。放入耐热容器内，撒上盐和胡椒粉，搅拌均匀。轻轻盖上保鲜膜，用微波炉加热4分钟左右。

2 制作挞皮。将材料A放入碗内（一并筛入），用打蛋器充分搅拌均匀。浇入橄榄油，用叉子等工具迅速搅拌成颗粒状。加入蛋黄和牛奶，用硅胶铲切拌均匀（搅拌时最好用硅胶铲按压）。搅拌均匀后，用手迅速将材料团成圆面团*。

3 将2放在铺有烘焙用纸的操作台上，再盖上保鲜膜，用擀面杖将面团擀成直径23～24cm的圆形。去掉保鲜膜，面皮周围留出3～4cm的空余，其他部位用叉子插出排气孔。依次撒上比萨专用奶酪、1的蘑菇。将挞皮向内侧折叠，整理好形状。

4 连同烘焙用纸一并摆放到烤盘上，烤箱180℃烘烤30分钟左右。

可根据个人喜好撒上胡椒粉（分量外）。

* 如果难以揉成团，可以再加入少量牛奶（分量外）。

冷藏曲奇饼干

将饼干坯放在冰箱内充分冷藏定型，然后分切、烘烤。原味曲奇饼干味道已经很棒，想要追求更丰富的口感，可以搭配上杏仁粉。

材料（15cm×15cm 方形模具，1 个份 */36 个份）

	低筋面粉⋯⋯⋯130g	细砂糖⋯⋯⋯⋯ 35g	
A	杏仁粉⋯⋯⋯ 40g	黄油⋯⋯⋯⋯ 90g	
	盐⋯⋯⋯⋯ 1 小撮		

* 不用于烘焙，只用于定型。做法步骤 2 中，将饼干坯用保鲜膜包裹，再用模具延展成边长 15cm 的正方形。

准备工作

● 黄油切成 1.5cm 小丁，放冰箱内冷藏备用。

● 模具内铺上保鲜膜或烘焙用纸。

做法

1 将材料 A 和细砂糖放入食物搅拌器内 *，搅拌 3 ～ 5 秒钟。加入黄油，反复开关电源，搅拌材料。待搅拌成团后，取出。

2 将 **1** 放入模具内定型，裹上保鲜膜，用手指或勺子背面将表面抹平。保鲜膜平整裹住饼干坯后放入冰箱内，冷藏一晚上。

3 烤箱预热到 170℃。将 **2** 纵横分成 6 等份，再分切成 36 片，然后摆放在铺有烘焙用纸的烤盘上。烤箱 170℃烘烤 15 ～ 18 分钟。

* 手工制作时，将放在室温下变软的黄油放入碗内，用电动打蛋器搅打成奶油状。加入细砂糖，继续搅打成蓬松、泛白的状态。筛入材料 A，用硅胶铲搅拌成面团。之后的做法与步骤 2 以后相同。

紫苏籽帕尔玛干酪曲奇

不用杏仁粉，而是加入了足量的奶酪粉烘焙而成的咸味曲奇。与紫苏籽的口感非常搭配。

材料（15cm×15cm 方形模具，1 个份 */36 个份）

A
- 低筋面粉…………120g
- 盐……………… 1/4 小勺

- 牛奶………… 1 大勺
- 紫苏籽……… 1 大勺

帕尔玛干酪粉…… 50g

细砂糖………… 10g

黄油…………… 70g

*不用于烘焙，只用于定型。做法步骤 2 中，将饼干坯用保鲜膜包裹，再用模具延展成边长 15cm 的正方形。

准备工作

● 黄油切成 1.5cm 小丁，放冰箱内冷藏备用。

● 模具内铺上保鲜膜或烘焙用纸。

做法

1 将材料 A、帕尔玛干酪粉和细砂糖放入食物搅拌器内*，搅拌 3～5 秒钟。依次加入黄油、牛奶、紫苏籽，每加入一种材料，都需要反复开关电源，搅拌材料。待搅拌成团后取出。

2 将 1 放入模具内定型，裹上保鲜膜，用手指或勺子背面将表面抹平。保鲜膜平整裹住饼干坯后放入冰箱内，冷藏一晚上。

3 烤箱预热到 170℃。将 2 纵横分成 6 等份，再分切成 36 片，然后摆放在铺有烘焙用纸的烤盘上。烤箱 170℃烘烤 15～18 分钟。

*手工制作时，将放在室温下变软的黄油放入碗内，用电动打蛋器搅打成奶油状。加入细砂糖，继续搅打成蓬松、泛白的状态。筛入材料 A，再加入帕尔玛干酪粉和紫苏籽，用硅胶铲搅拌成面团。之后的做法与步骤 2 以后相同。

柑橘开心果曲奇

可以将饼干坯整理成棒状，切成圆形后再烘烤。加入了香橙、柠檬、开心果，口感更加清爽、酥脆。

材料（约 28 个份）

A
- 低筋面粉………… 65g
- 杏仁粉………… 20g
- 盐………… 少许

细砂糖………… 20g

黄油………… 45g

B
- 香橙丁………… 15g
- 柠檬丁………… 15g
- 开心果………… 10g

准备工作

● 黄油切成 1.5cm 小丁，放冰箱内冷藏备用。

升级款

榛果曲奇

用食物搅拌器制作时，需将榛子切成粉状后再用，这样既可增加风味，又能保持饼干蓬松。手工制作时，可以直接使用榛果粉。

材料（约25个份）

A	低筋面粉	65g	细砂糖	20g
	杏仁粉	10g	黄油	45g
	盐	少许	榛子	40g

准备工作

● 黄油切成1.5cm小丁，放冰箱内冷藏备用。

做法

1 将材料A和细砂糖放入食物搅拌器内*，搅拌3～5秒钟。加入黄油，反复开关电源，搅拌材料。待黄油与粉类搅拌均匀后，加入榛子，继续反复开关电源，待搅拌成团后取出。

2 将1一分为二，分别整理成直径2.5～3cm的圆柱状，裹上保鲜膜，放入冰箱内冷藏一晚上。

3 烤箱预热到170℃。将2切成厚8mm的薄片，然后摆放在铺有烘焙用纸的烤盘上。烤箱170℃烘烤12～15分钟。

*手工制作时，将放在室温下变软的黄油放入碗内，用电动打蛋器搅打成奶油状。加入细砂糖，继续搅打成蓬松、泛白的状态。筛入材料A和切碎的榛子，用硅胶铲搅拌均匀，团成面团。之后的做法与步骤2以后相同。

做法

1 将材料A和细砂糖放入食物搅拌器内*，搅拌3～5秒钟。加入黄油后，反复开关电源，搅拌材料。待黄油与粉类搅拌均匀后，再加入材料B，继续反复开关电源，搅拌成团后，取出。

2 将1一分为二，分别整理成直径2.5～3cm的圆柱状，裹上保鲜膜，放入冰箱内冷藏一晚上。

3 烤箱预热到170℃。将2切成厚8mm的薄片，然后摆放在铺有烘焙用纸的烤盘上。烤箱170℃烘烤12～15分钟。

*手工制作时，将放在室温下变软的黄油放入碗内，用电动打蛋器搅打成奶油状。加入细砂糖，继续搅打成蓬松、泛白的状态。筛入材料A，用硅胶铲搅拌，待还有少许干粉时，加入材料B，搅拌均匀，团成面团。之后的做法与步骤2以后相同。

手工圆饼干

用手团成圆形，外形朴素、口感朴实的手工圆饼干。稍微用手压扁，形状并不统一，反而让人感觉更可爱。

材料（约 30 个份）

低筋面粉⋯⋯⋯⋯⋯ 150g
黄油⋯⋯⋯⋯⋯⋯⋯ 90g
细砂糖⋯⋯⋯⋯⋯⋯ 40g
盐⋯⋯⋯⋯⋯⋯⋯⋯ 1 小撮
蛋黄⋯⋯⋯⋯⋯⋯⋯ 1 个

准备工作

● 黄油放置室温下回温。
● 烤盘铺上烘焙用纸。
● 烤箱预热到 170℃。

做法

1 将变软的黄油放入碗内，用电动打蛋器搅打成奶油状，再加入细砂糖和盐，打发至泛白、蓬松的状态。加入蛋黄，搅拌均匀。

2 筛入低筋面粉，用硅胶铲快速搅拌成团。

3 将 **2** 分成每个约 1/2 勺子大小的面团，团成圆形，再轻轻按压成稍厚的饼干坯（中央稍瘪）。均匀摆放在烤盘上，放入 170℃烤箱内烘烤 15 ～ 18 分钟。

无花果饼干

将无花果干切碎加入饼干胚内，口感酥脆。放到第二天食用，口感更好。

材料（约 36 个份）

低筋面粉	150g
黄油	90g
细砂糖	40g
盐	1 小撮
蛋黄	1 个
无花果干	60g

准备工作

● 黄油放置室温下回温。

● 无花果干切碎备用。

● 烤盘铺上烘焙用纸。

● 烤箱预热到 170℃。

做法

1 将变软的黄油放入碗内，用电动打蛋器搅打成奶油状，再加入细砂糖和盐，打发至泛白、蓬松的状态。加入蛋黄，搅拌均匀。

2 筛入低筋面粉，用硅胶铲快速搅拌。待还有少许干粉时，加入无花果碎，搅拌成面团。

3 将 **2** 分成每个约 1/2 勺子大小的面团，团成圆形，再轻轻按压成稍厚的饼干坯（中央稍瘪）。均匀摆放在烤盘上，放入 170℃ 烤箱内烘烤 15 ~ 18 分钟。

甘纳豆饼干

加入了直接食用就很美味的甘纳豆，让饼干散发着浓浓的日式风情。

材料（约 38 个份）

低筋面粉	150g
黄油	90g
细砂糖	30g
盐	1 小撮
蛋黄	1 个
甘纳豆	100g

准备工作

● 黄油放置室温下回温。

● 烤盘铺上烘焙用纸。

● 烤箱预热到 170℃。

做法

1 将变软的黄油放入碗内，用电动打蛋器搅打成奶油状，再加入细砂糖和盐，打发至泛白、蓬松的状态。加入蛋黄，搅拌均匀。

2 筛入低筋面粉，用硅胶铲快速搅拌。待还有少许干粉时，加入甘纳豆，搅拌成团。

3 将 **2** 分成每个约 1/2 勺子大小的面团，团成圆形，再轻轻按压成稍厚的饼干坯（中央稍瘪）。均匀摆放在烤盘上，放入 170℃ 烤箱内烘烤 15 ~ 18 分钟。

可可巧克力碎饼干

用可可粉替代一部分粉类，就做成了甜中带苦的可可饼干坯，然后再加入巧克力碎，口味更浓郁。

材料（约 38 个份）

A	低筋面粉	130g
	可可粉	20g
	黄油	90g
	细砂糖	45g
	盐	1 小撮
	蛋黄	1 个
	巧克力碎	60g

准备工作

● 黄油放置室温下回温。

● 烤盘铺上烘焙用纸。

● 烤箱预热到 170℃。

做法

1 将变软的黄油放入碗内，用电动打蛋器搅打成奶油状，再加入细砂糖和盐，打发至泛白、蓬松的状态。加入蛋黄，搅拌均匀。

2 将材料 A 一并筛入，用硅胶铲快速搅拌。待还有少许干粉时，加入巧克力碎，搅拌成团。

3 将 **2** 分成每个约 1/2 勺子大小的面团，团成圆形，再轻轻按压成稍厚的饼干坯（中央稍瘪）。均匀摆放在烤盘上，放入 170℃ 烤箱内烘烤 15 ~ 18 分钟。

滴面饼干

烘烤时，将搅拌均匀的面糊滴到烤盘上，烤成蕾丝状，就是口感爽脆、纤小细腻的薄片滴面饼干。

材料（约25个份）

A 低筋面粉	10g
杏仁粉	10g
黄油	10g
细砂糖	20g
盐	1小撮
鲜奶油	10g

准备工作

● 黄油用微波炉或隔水加热至熔化。

● 烤盘铺上烘焙用纸。

● 烤箱预热到180℃。

做法

1 将熔化的黄油倒入碗内，依次加入细砂糖、盐、鲜奶油，每加入一种材料都需要充分搅拌均匀。将材料A一并筛入，搅拌均匀。

2 将1分别舀出约1/3小勺的量，均匀滴落到烤盘上（因烘烤时饼干面积会增加，饼干间距需保持在5cm以上）。放入180℃烤箱内烘烤8分钟左右。

黑糖饼干

换一种砂糖感受甜味的变化。
也可以用枫糖替代黑糖。

材料（约 25 个份）

A ⌈ 低筋面粉⋯⋯⋯⋯⋯ 10g
  ⌊ 杏仁粉⋯⋯⋯⋯⋯⋯ 10g
黄油⋯⋯⋯⋯⋯⋯⋯ 10g
黑糖粉⋯⋯⋯⋯⋯⋯ 20g
盐⋯⋯⋯⋯⋯⋯⋯ 1 小撮
鲜奶油⋯⋯⋯⋯⋯⋯ 10g

准备工作

● 黄油用微波炉或隔水加热至熔化。
● 烤盘铺上烘焙用纸。
● 烤箱预热到 180℃。

做法

1 将熔化的黄油倒入碗内，依次加入黑糖、盐、鲜奶油，每加入一种材料都需要充分搅拌均匀。将材料 A 一并筛入，搅拌均匀。

2 将 1 分别舀出约 1/3 小勺的量，均匀滴落到烤盘上（因烘烤时饼干面积会增加，饼干间距需保持在 5cm 以上）。放入 180℃ 烤箱内烘烤 8 分钟左右。

迷迭香饼干

迷迭香散发着一股清新怡人的香味。将它切碎加入面糊中，口感和外观都别具一格。

材料（约 28 个份）

A ⌈ 低筋面粉⋯⋯⋯⋯⋯ 10g
  ⌊ 杏仁粉⋯⋯⋯⋯⋯⋯ 10g
黄油⋯⋯⋯⋯⋯⋯⋯ 10g
细砂糖⋯⋯⋯⋯⋯⋯ 20g
盐⋯⋯⋯⋯⋯⋯⋯ 1 小撮
鲜奶油⋯⋯⋯⋯⋯⋯ 10g
迷迭香（新鲜）⋯⋯ 约 1 枝 *

* 按照准备工作介绍的那样计量。

准备工作

● 黄油用微波炉或隔水加热至熔化。
● 迷迭香叶子切碎，备出 1 小勺。
● 烤盘铺上烘焙用纸。
● 烤箱预热到 180℃。

做法

1 将熔化的黄油倒入碗内，依次加入细砂糖、盐、鲜奶油，每加入一种材料都需要充分搅拌均匀。将材料 A 一并筛入，搅拌均匀。加入迷迭香碎，搅拌均匀。

2 将 1 分别舀出约 1/3 小勺的量，均匀滴落到烤盘上（因烘烤时饼干面积会增加，饼干间距需保持在 5cm 以上）。放入 180℃ 烤箱内烘烤 8 分钟左右。

3 可以根据个人喜好，趁热用擀面杖等工具将饼干整理出弧度（温度较高，小心烫伤，最好戴上手套再操作）。

香草咸饼干

散发着香草味的甜咸饼干。用榛果粉改变饼干的风味。

材料（约 25 个份）

A ⌈ 低筋面粉⋯⋯⋯⋯⋯ 10g
  ⌊ 榛果粉⋯⋯⋯⋯⋯⋯ 10g
黄油⋯⋯⋯⋯⋯⋯⋯ 10g
细砂糖⋯⋯⋯⋯⋯⋯ 20g
盐⋯⋯⋯⋯⋯⋯⋯ 1/8 小勺
鲜奶油⋯⋯⋯⋯⋯⋯ 10g
香草荚⋯⋯⋯⋯⋯⋯ 1/8 根

准备工作

● 黄油用微波炉或隔水加热至熔化。
● 香草荚纵向对剖成两半，刮出香草籽。
● 烤盘铺上烘焙用纸。
● 烤箱预热到 180℃。

做法

1 将熔化的黄油倒入碗内，依次加入香草籽、细砂糖、盐、鲜奶油，每加入一种材料都需要充分搅拌均匀。将材料 A 一并筛入，搅拌均匀。

2 将 1 分别舀出约 1/3 小勺的量，均匀滴落到烤盘上（因烘烤时饼干面积会增加，饼干间距需保持在 5cm 以上）。放入 180℃ 烤箱内烘烤 8 分钟左右。

裱花曲奇饼干

每一个都无比酥脆、入口即化的酥饼干。用同一款裱花嘴，稍微改变挤压方式，饼干形状更丰富。

材料（约24个份）

A	低筋面粉	60g
	玉米粉	20g
黄油		50g
糖粉		25g
盐		1小撮
鲜奶油		30g

准备工作

- 黄油放置室温下回温。
- 烤盘铺上烘焙用纸。
- 烤箱预热到170℃。

做法

1 将变软的黄油放入碗内，用打蛋器搅打成奶油状，加入糖粉和盐，继续搅打至泛白、蓬松的状态。加入鲜奶油，充分搅拌。

2 将材料A一并筛入，用硅胶铲搅拌成光滑的状态。

3 将 2 装入已经安装好星形裱花嘴的裱花袋后，挤成约3cm×4cm的"S"形。放入170℃烤箱内烘烤10～12分钟。

焙茶曲奇

咬上一口香气弥漫，吃上几个
顿觉身心放松，这是一款散发
着浓浓和风的饼干。

材料（约38个份）

A ┌ 低筋面粉··············· 60g
  └ 玉米粉··············· 15g
  黄油··············· 50g
  糖粉··············· 25g
  盐··············· 1 小撮
  鲜奶油··············· 30g
  焙茶叶··············· 5g

准备工作

●黄油放置室温下回温。
●焙茶叶切碎备用。
●烤盘铺上烘焙用纸。
●烤箱预热到170℃。

做法

1 将变软的黄油放入碗内，用打
  蛋器搅打成奶油状，加入糖粉
  和盐，继续搅打至泛白、蓬松
  的状态。依次加入鲜奶油、焙
  茶叶碎，每加入一种材料都需
  要充分搅拌。

2 将材料A一并筛入，用硅胶铲
  搅拌成光滑的状态。

3 将2装入已经安装好星形裱花
  嘴的裱花袋后，挤成长5～6cm
  的长条形。放入170℃烤箱内烘
  烤10～12分钟。

紫薯曲奇

用紫薯粉呈现出色泽艳丽的紫
色。不使用鸡蛋，便可呈现出
漂亮的色彩。

材料（约30个份）

A ┌ 低筋面粉··············· 60g
  │ 玉米粉··············· 10g
  └ 紫薯粉··············· 10g
  黄油··············· 50g
  糖粉··············· 25g
  盐··············· 1 小撮
  鲜奶油··············· 30g
  熟白芝麻··············· 适量

准备工作

●黄油放置室温下回温。
●烤盘铺上烘焙用纸。
●烤箱预热到170℃。

做法

1 将变软的黄油放入碗内，用打
  蛋器搅打成奶油状，加入糖粉
  和盐，继续搅打至泛白、蓬松
  的状态。加入鲜奶油，充分搅
  拌。

2 将材料A一并筛入，用硅胶铲
  搅拌成光滑的状态。

3 将2装入已经安装好星形裱
  花嘴的裱花袋后，挤成直径
  3～3.5cm的圆形。放入170℃
  烤箱内烘烤10～12分钟。

坚果曲奇环

可选用自己喜欢的坚果。可以不做
任何装饰直接烘烤，也可以淋上溶
化的巧克力，或装饰上坚果。

材料（约20个份）

A ┌ 低筋面粉··············· 60g
  │ 玉米粉··············· 10g
  └ 杏仁粉··············· 10g
  黄油··············· 60g
  糖粉··············· 20g
  盐··············· 1 小撮
  蛋清··············· 1/4 个（10g）
  榛子、核桃、开心果、蛋白
  （装饰用）········ 各适量

准备工作

●黄油放置室温下回温。
●榛子、核桃、开心果分别切碎备用。
●烤盘铺上烘焙用纸。
●烤箱预热到170℃。

做法

1 将变软的黄油放入碗内，用打蛋器搅打
  成奶油状，加入糖粉和盐，继续搅打至
  泛白、蓬松的状态。加入1/4个蛋清，
  充分搅拌。

2 将材料A一并筛入，用硅胶铲搅拌成光
  滑的状态。

3 将2装入已经安装好星形裱花嘴的裱
  花袋后，挤成直径4～5cm的环形。饼
  干刷上蛋清（蛋清当糨糊用），粘上坚
  果，装饰完成后放入170℃烤箱内烘烤
  12～14分钟。

蛋糕卷

只用 3 种材料就可以做出松软细腻的蛋糕。充分打发鸡蛋和砂糖，搅打至光滑且富有光泽后，筛入粉类，充分搅拌均匀即可。这就是所谓的"最简单的就是最好的"。

材料（24cm×24cm 烤盘，1 个份）

海绵蛋糕坯		奶油	
低筋面粉	30g	鲜奶油	80g
细砂糖	40g	细砂糖	1/2 小勺
鸡蛋	2 个	柑曼怡（可有可无）	1 小勺

准备工作

- 鸡蛋放置室温下回温。
- 烤盘铺上烘焙用纸（也可使用玻璃纸）。
- 烤箱预热到 180℃。

做法

1 制作海绵蛋糕坯。将鸡蛋放入碗内，用电动打蛋器的搅拌器打散蛋液，然后加入细砂糖搅拌均匀。将碗底浸在热水中（隔水加热），用电动打蛋器高速打发（图片 **a**）。待温度与人体体温接近时，从热水中取出，继续搅打至泛白、蓬松的状态（图片 **b**）。电动打蛋器调至低速，慢慢搅拌。

2 筛入低筋面粉，用硅胶铲翻拌成黏稠、光滑的面糊（图片 **c**）。

3 将面糊平铺倒入烤盘内，用刮刀刮平（图片 **d**），放入 180℃烤箱内烘烤 10 分钟左右。出炉后，将蛋糕从烤盘上取下来，连同烘焙用纸一并放在冷却架上冷却（冷却后裹上保鲜膜，图片 **e**）。

4 制作奶油。将制作奶油的材料全部放入碗内，用打蛋器搅打至八分发。

5 将 **3** 的烘焙用纸取下来，金黄色一面朝上放在烘焙用纸上。蛋糕卷边末端用刀斜切（图片 **f**）。用蛋糕刀将 **4** 的奶油均匀涂抹在蛋糕上，再卷成卷（图片 **g**）。卷好后用保鲜膜包裹（图片 **h**），放在冰箱内冷藏 1 小时以上。

a 为了便于打发，可隔水加热搅打，也可以将不锈钢碗底放在小火上加热。

b 蛋液呈现泛白、蓬松的奶油状，提起打蛋器，蛋液慢慢往下流，就意味着充分打发。

c 筛入低筋面粉，用硅胶铲充分搅拌至黏稠、有光泽、蓬松的面糊。

d 将面糊倒入烤盘内，用卡片或刮刀抹平面糊，刮刀稍微倾斜着刮。

e 出炉后，放在冷却架（金属网）上冷却。散热后，为了防止蛋糕变干，需要裹上保鲜膜。

f 蛋糕末端用刀斜切，这样卷出来的蛋糕卷更漂亮，形状更稳定。

g 开始卷蛋糕时，先卷出一个芯，再慢慢将蛋糕整个卷起来。

h 裹上保鲜膜，两端密封好，放在冰箱内冷藏。

> ▸ 装饰
>
> **足量奶油挤成细丝装饰在蛋糕上，既简单又漂亮**
>
> 这种装饰方法需要足量的奶油，可让人吃出满足感。将奶油覆盖在蛋糕上的方法可以解决蛋糕卷出现小裂痕的问题。鲜奶油 80g 加上 1 小勺细砂糖，搅打至八分发。将打发好的奶油装入已安装上蒙布朗专用裱花嘴的裱花袋内，挤到蛋糕卷上面。最后将罐头洋梨和开心果切碎撒到奶油上。

材料（24cm×24cm 烤盘，1 个份）

黑糖海绵蛋糕坯 ━━━━━━
低筋面粉……………	30g
黑糖（粉末）………	40g
鸡蛋………………	2 个

奶酪奶油 ━━━━━━━━━
奶油奶酪……………	30g
A ┌ 细砂糖…………	2 小勺
└ 盐………………	少许
鲜奶油……………	65g

准备工作

- 鸡蛋放置室温下回温。
- 奶油奶酪放置室温下回温。
- 烤盘铺上烘焙用纸（也可使用玻璃纸）。
- 烤箱预热到 180℃。

做法

1 制作黑糖海绵蛋糕坯。将鸡蛋放入碗内，用电动打蛋器的搅拌器打散蛋液，然后加入黑糖搅拌均匀。将碗底浸在热水中（隔水加热），用电动打蛋器高速打发。待温度与人体体温接近时，从热水中取出，搅打至泛白、蓬松的状态。电动打蛋器调至低速，慢慢搅拌。

2 筛入低筋面粉，用硅胶铲翻拌成黏稠、光滑的面糊。

3 将面糊平铺倒入烤盘内，用刮刀刮平，放入180℃烤箱内烘烤 10 分钟左右。出炉后，将蛋糕从烤盘上取下来，连同烘焙用纸一并放在冷却架上冷却（冷却后裹上保鲜膜）。

4 制作奶酪奶油。将奶油奶酪和材料 A 放入碗内，用打蛋器搅打成奶油状。然后一点点加入鲜奶油，搅拌均匀。加入全部奶油后，搅打至八分发。

5 将 **3** 的烘焙用纸取下来，金黄色一面朝上放在烘焙用纸上。蛋糕卷边末端用刀斜切。用蛋糕刀将 **4** 的奶油均匀涂抹在蛋糕上，再卷成卷。卷好后用保鲜膜包裹，放在冰箱内冷藏 1 小时以上。

升级款

黑糖奶酪奶油蛋糕卷

用黑糖替代细砂糖，蛋糕的风味和色泽都更浓郁。卷上醇厚的奶酪奶油，一款具有成熟风味的蛋糕卷就诞生了。

升级款

柚子白巧克力蛋糕卷

将柚子皮切成细丁，均匀拌到海绵蛋糕坯内。再搭配上白巧克力奶油，一款中西合璧的蛋糕卷就做好了。

材料（24cm×24cm，烤盘1个份）

柚子海绵蛋糕坯 ———————
低筋面粉…………… 30g
细砂糖…………… 40g
鸡蛋…………… 2个
柚子皮…………… 20g

白巧克力奶油 ————————
烘焙用白巧克力…… 15g
鲜奶油…………… 80g

准备工作

● 鸡蛋放置室温下回温。
● 将柚子皮、烘焙用白巧克力分别切碎备用。
● 烤盘铺上烘焙用纸（也可使用玻璃纸）。
● 烤箱预热到180℃。

做法

1 制作柚子海绵蛋糕坯。将鸡蛋放入碗内，用电动打蛋器的搅拌器打散蛋液，然后加入细砂糖搅拌均匀。将碗底浸在热水中（隔水加热），用电动打蛋器高速打发。待温度与人体体温接近时，从热水中取出，搅打至泛白、蓬松的状态。电动打蛋器调至低速，慢慢搅拌。

2 筛入低筋面粉，用硅胶铲翻拌。待还有少量干粉时，加入柚子皮，充分搅拌至光滑。

3 将面糊平铺倒入烤盘内，用刮刀刮平，放入180℃烤箱内烘烤10分钟左右。出炉后，将蛋糕从烤盘上取下来，连同烘焙用纸一并放在冷却架上冷却（冷却后裹上保鲜膜）。

4 制作白巧克力奶油。将白巧克力放入耐热容器内，容器底浸在热水中（隔水加热）至其熔化*。移开热水，然后一点点加入鲜奶油，搅拌均匀。加入全部奶油后，搅打至八分发。

5 将 **3** 的烘焙用纸取下来，金黄色一面朝上放在烘焙用纸上。蛋糕卷边末端用刀斜切。用蛋糕刀将 **4** 的奶油均匀涂抹在蛋糕上，再卷成卷。卷好后用保鲜膜包裹，放在冰箱内冷藏1小时以上。

* 也可以用微波炉加热至熔化。

升级款

焦糖栗子蛋糕卷

烤好的蛋糕坯淋上黏稠的焦糖酱，抹上栗子奶油，再卷起来。焦糖酱做得稍微煳一点，微微有些苦味，这样的口感更适合成年人。

材料（24cm×24cm 烤盘，1个份）

海绵蛋糕坯 ——————————

低筋面粉………………	30g
细砂糖…………………	40g
鸡蛋……………………	2 个

焦糖酱 ————————————

细砂糖…………………	20g
水……………………	1/2 小勺
鲜奶油…………………	30g

栗子奶油 —————————

鲜奶油…………………	80g
细砂糖…………	1/2 小勺
蒸栗子…………………	50g

准备工作

- 鸡蛋放置室温下回温。
- 栗子切碎备用。
- 烤盘铺上烘焙用纸。
- 烤箱预热到 180℃。

做法

1 制作海绵蛋糕坯。将鸡蛋放入碗内，用电动打蛋器的搅拌器打散蛋液，然后加入细砂糖搅拌均匀。将碗底浸在热水中（隔水加热），用电动打蛋器高速打发。待温度与人体体温接近时，从热水中取出，搅打至泛白、蓬松的状态。电动打蛋器调至低速，慢慢搅拌。

2 筛入低筋面粉，用硅胶铲翻拌成黏稠、光滑的面糊。

3 将面糊平铺倒入烤盘内，放入 180℃烤箱内烘烤 10 分钟左右。出炉后，将蛋糕从烤盘上取下来，连同烘焙用纸一并放在冷却架上冷却（冷却后裹上保鲜膜）。

4 制作焦糖酱。将细砂糖和水放入小锅内，开中火加热，不要摇晃锅，待细砂糖彻底溶化至呈现茶色时，晃动小锅，让颜色均一，关火。一点点加入鲜奶油，每加入一次都需要搅拌均匀。

5 待 **4** 冷却至与人体体温接近时，制作栗子奶油。将鲜奶油和细砂糖放入碗内，用打蛋器搅打至八分发。加入蒸栗子碎，用硅胶铲大致搅拌。

6 将 **3** 的烘焙用纸取下来，将蛋糕金黄色一面朝上放在烘焙用纸上。蛋糕卷边末端用刀斜切。将 **4** 的焦糖酱淋到蛋糕上，然后再均匀涂抹上 **5** 的栗子奶油，最后卷成卷。卷好后用保鲜膜包裹，放在冰箱内冷藏 1 小时以上。

香浓巧克力四方形蛋糕

升级款

可可蛋糕搭配香浓巧克力奶油，再装饰上甘纳许奶油，一款尽享巧克力三重奏的点心。
薄片状的蛋糕可以让你尽情发挥。

材料（24cm×24cm 烤盘，1 个份）

可可海绵蛋糕坯 ━━━━━━━

A ┌ 低筋面粉…………… 20g
　├ 可可粉……………… 10g
　　细砂糖……………… 40g
　　鸡蛋………………… 2 个

巧克力奶油 ━━━━━━━━━

烘焙用巧克力……… 25g
鲜奶油……………… 90g
牛奶………………… 1 小勺

甘纳许奶油 ━━━━━━━━━

烘焙用巧克力……… 30g
鲜奶油……………… 15g

准备工作

● 鸡蛋放置室温下回温。

● 烘焙用巧克力切碎备用。

● 烤盘铺上烘焙用纸。

● 烤箱预热到 180℃。

做法

1 制作可可海绵蛋糕坯。将鸡蛋放入碗内，用电动打蛋器的搅拌器打散蛋液，然后加入细砂糖搅拌均匀。将碗底浸在热水中（隔水加热），用电动打蛋器高速打发。待温度与人体体温接近时，从热水中取出，搅打至泛白、蓬松的状态。电动打蛋器调至低速，慢慢搅拌。

2 筛入材料 A，用硅胶铲翻拌成黏稠、光滑的面糊。

3 将面糊平铺倒入烤盘内，用刮刀抹平，放入 180℃烤箱内烘烤 10 分钟左右。出炉后，将蛋糕从烤盘上取下来，连同烘焙用纸一并放在冷却架上冷却（冷却后裹上保鲜膜）。

4 制作巧克力奶油。将巧克力和牛奶放入耐热容器内，容器底部浸在热水中（隔水加热），使其溶化*。然后一点点加入鲜奶油，用打蛋器充分搅打。鲜奶油全部加入后，将奶油打发至八分发。

5 制作甘纳许奶油。将巧克力和鲜奶油放入耐热容器内，容器底部浸在热水中（隔水加热），用硅胶铲搅拌均匀，并使其溶化。

6 将 **3** 海绵蛋糕的烘焙用纸取下来，十字切成 4 等份。将 **4** 的奶油抹在蛋糕上，并将 **4** 块蛋糕叠放（4 块蛋糕之间每一层约夹上 1/3 量的奶油）。最上层的蛋糕上面抹上 **5** 的甘纳许奶油，用汤勺背面抹出凹痕。放入冰箱内冷藏 1 小时以上，再切成薄片食用。

* 也可以用微波炉加热至熔化。

环状蛋糕

用蛋白霜做成松软细腻的蛋糕坯，然后切成细长的带状，再整理成环形，中间挤上奶油。因为不需要卷，所以也可以用打发的细滑奶油。

材料（24cm×24cm 烤盘，1个份 / 直径 6.5cm 的慕斯圈，8 个份）

海绵蛋糕坯 ——————

低筋面粉·············	30g
细砂糖·············	40g
蛋黄·············	2 个
蛋清·············	2 个
A 盐·············	少许
油·············	20g

奶油 ——————

鲜奶油·············	200g
细砂糖·············	1 大勺
柑曼怡（可有可无）···	1 小勺

装饰用 ——————

白巧克力屑*···········	适量

* 可以自制巧克力屑。将有一定厚度的巧克力放在冰箱内充分冷藏，再用慕斯圈或削皮器等削成屑。

准备工作

● 烤盘铺上烘焙用纸（或玻璃纸）。

● 烤箱预热到 180℃。

做法

1 制作海绵蛋糕坯。将材料 A 放入碗内，一点点加入细砂糖，用电动打蛋器打发至有尖角、质地细腻的蛋白霜（图片 **a**）。再加入蛋黄，搅拌均匀。

2 筛入低筋面粉，用硅胶铲沿着碗底翻拌（图片 **b**）。搅拌至没有干粉后，淋入油，迅速、仔细搅拌成有光泽的、蓬松的光滑面糊。

3 将面糊倒入烤盘内，用刮刀抹平（图片 **c**），放入 180℃烤箱内烘烤 10 分钟左右。从烤盘上取下来，放在冷却架上，连同烘焙用纸一并冷却（冷却后裹上保鲜膜）。

4 将制作奶油的全部材料放入碗内，用打蛋器搅打至八分打发的程度。

5 取下 **3** 海绵蛋糕的烘焙用纸，把蛋糕切成 8 等份的细长条（图片 **d**）。每根约 19cm 长，放入慕斯圈内*，整理成环状，放在台子上（图片 **e**）。用勺子将 **4** 的奶油舀到慕斯圈内，装满。再将剩余的奶油装在裱花袋内，在慕斯圈周围挤上一圈（图片 **f**）。

6 装饰。撒上白巧克力屑，放在冰箱内冷藏 30 分钟以上，待定型后，取掉慕斯圈。

a 将蛋白搅打至有尖角，尖角微弯的程度。蛋白细腻、有光泽。

b 用硅胶铲切拌粉类，然后再沿着碗底大幅度翻拌均匀。

c 将面糊倒入烤盘内，用刮刀抹平。抹平面糊时，刮刀需稍微倾斜。

d 烤好的蛋糕切成 8 等份的细长条，这样的高度正适合慕斯圈（慕斯圈的宽度是 3cm）。

e 将蛋糕条沿着慕斯圈*内侧仔细放入。用保鲜盒的盖子当操作台，可便于保存。

f 环内装满奶油，周边再用装有星形裱花嘴的裱花袋挤上环状的奶油作为装饰。也可以用圆形裱花嘴。

* 如果没有慕斯圈，可以用洗干净后晾干的牛奶盒子或厚纸自己亲手制作。将慕斯圈放在铺有保鲜膜或烘焙用纸的保鲜盒的盖子上，这样做好后可以盖上保鲜盒，便于保存。如果慕斯圈放在玻璃杯内或铝箔杯内，更便于拿取。

装饰

不同装饰赋予蛋糕更多新鲜感

按照上述方法将慕斯圈中央填满奶油，然后再装饰上橙肉、蓝莓、薄荷叶。其他做法都一样，只是在最后装饰上稍作改变，蛋糕就焕然一新了。还可以放上足量的草莓或者各种色彩艳丽的水果，发挥你的想象力，让蛋糕展现别具一格的魅力。

红茶车厘子环状蛋糕

升级款

由于红茶叶会吸收水分，所以低筋面粉的量要少于前页介绍的原味环状蛋糕的用量。浓醇的马斯卡彭奶酪奶油与娇艳欲滴的美国车厘子相搭配，让蛋糕更加惹人喜爱。

材料（24cm×24cm 烤盘，1 个份 / 直径 6.5cm 的慕斯圈，8 个份）

红茶海绵蛋糕坯 ———————		马斯卡彭奶酪奶油 ———————	
低筋面粉	25g	马斯卡彭奶酪	50g
细砂糖	40g	鲜奶油	150g
蛋黄	2 个	细砂糖	1 大勺
A 蛋清	2 个	装饰用 ———————————	
盐	少许	美国车厘子、百里香…各适量	
红茶叶	4g		
油	20g		

准备工作

● 红茶叶切碎备用。

● 美国车厘子去核，切成 2～3 等份。

● 烤盘铺上烘焙用纸（或玻璃纸）。

● 烤箱预热到 180℃。

做法

1 制作红茶海绵蛋糕坯。将材料 A 放入碗内，一点点加入细砂糖，用电动打蛋器打发至有尖角、质地细腻的蛋白霜。再加入蛋黄，搅拌均匀。

2 筛入低筋面粉，加入红茶叶碎，用硅胶铲沿着碗底翻拌。搅拌至没有干粉后，淋入油，迅速、仔细搅拌成有光泽的、蓬松的光滑面糊。

3 将面糊倒入烤盘内，用刮刀抹平，放入 180℃烤箱内烘烤 10 分钟左右。从烤盘上取下来，放在冷却架上，连同烘焙用纸一并冷却（冷却后裹上保鲜膜）。

4 制作马斯卡彭奶酪奶油。将马斯卡彭奶酪和细砂糖放入碗内，用打蛋器搅打均匀。然后一点点加入鲜奶油，搅打均匀。加入全部奶油后，需打至八分发。

5 取下 **3** 海绵蛋糕的烘焙用纸，把蛋糕切成 8 等份的细长条。每根约 19cm 长，放入慕斯圈内，整理成环状，放在台子上。将 **4** 的奶油装在配有星形裱花嘴的裱花袋内，填满慕斯圈。

6 装饰。装饰上美国车厘子和百里香，然后放在冰箱内冷藏 30 分钟以上，待定型后，取掉慕斯圈。

抹茶双重奶油环状蛋糕

升级款

抹茶蛋糕上面挤满了口味清爽的黄豆粉奶油。用叉子插下去，里面又是抹茶奶油。小小的蛋糕带给你大大的惊喜。

材料（24cm×24cm 烤盘，1 个份 / 直径 6.5cm 的慕斯圈，8 个份）

抹茶海绵蛋糕坯 -----			黄豆粉奶油 --------			装饰用 ----------		
A	低筋面粉…………25g			鲜奶油…………80g		甜煮栗子………12 颗		
	抹茶粉…………5g		C	黄豆粉………2 小勺		甘纳豆…………适量		
	细砂糖…………40g			细砂糖………1 小勺				
	蛋黄……………2 个							
B	蛋清……………2 个			抹茶粉奶油 --------				
	盐………………少许			鲜奶油…………120g				
	油………………20g		D	抹茶粉………1 小勺				
				细砂糖………2 小勺				

准备工作

● 烤盘铺上烘焙用纸（或玻璃纸）。

● 烤箱预热到 180℃。

● 其中 4 颗甜煮栗子对切两半。

做法

1 制作抹茶海绵蛋糕坯。将材料 B 放入碗内，一点点加入细砂糖，用电动打蛋器打发至有尖角、质地细腻的蛋白霜。再加入蛋黄，搅拌均匀。

2 将材料 A 合并筛入碗内，用硅胶铲沿着碗底翻拌。搅拌至没有干粉后，淋入油，迅速、仔细搅拌成有光泽的、蓬松的光滑面糊。

3 将面糊倒入烤盘内，用刮刀抹平，放入 180℃烤箱内烘烤 10 分钟左右。从烤盘上取下来，放在冷却架上，连同烘焙用纸一并冷却（冷却后裹上保鲜膜）。

4 制作黄豆粉奶油。将材料 C 放入碗内，用打蛋器搅打均匀。然后一点点加入鲜奶油，搅打均匀。加入全部奶油后，需打至八分发。

5 制作抹茶奶油。另取 1 个碗放入材料 D，用打蛋器搅拌均匀。然后一点点加入鲜奶油，搅打均匀。加入全部奶油后，需打至八分发。

6 取下 **3** 海绵蛋糕的烘焙用纸，把蛋糕切成 8 等份的细长条。每根约 19cm 长，放入慕斯圈内，整理成环状，放在台子上。将 **5** 的抹茶奶油用勺子舀入慕斯圈内，再埋上半颗栗子。将 **4** 的黄豆粉奶油装入配有泡芙专用裱花嘴（细长型裱花嘴）的裱花袋内，将奶油一圈圈挤在蛋糕上。

7 装饰。装饰上剩余的甜煮栗子、2～3 等分的甘纳豆。然后放在冰箱内冷藏 30 分钟以上，待定型后，取掉慕斯圈。

枫糖坚果环状蛋糕

蛋糕糊内加入了枫糖浆，蜂蜜奶油调味，甜度更加温和。装饰上坚果，一款散发着自然气息的蛋糕就完成了。也可以用栗子或水果干做装饰。

材料（24cm×24cm 烤盘，1 个份 / 直径 6.5cm 的慕斯圈，8 个份）

枫糖海绵蛋糕坯 -------		蜂蜜奶油 -----------	
低筋面粉	30g	鲜奶油	180g
枫糖粉	40g	蜂蜜	15g
蛋黄	2 个		
A 蛋清	2 个	装饰用 -----------	
盐	少许	核桃	70g
油	20g	夏威夷果	30g
		糖粉、迷迭香	各适量

准备工作

- 核桃与夏威夷果放在 160℃烤箱内烘烤 6 分钟左右，冷却后切碎备用。
- 烤盘铺上烘焙用纸（或玻璃纸）。
- 烤箱预热到 180℃。

做法

1 制作枫糖海绵蛋糕坯。将材料 A 放入碗内，一点点加入枫糖，用电动打蛋器打发至有尖角、质地细腻的蛋白霜。再加入蛋黄，搅拌均匀。

2 筛入低筋面粉，用硅胶铲沿着碗底翻拌。搅拌至没有干粉后，淋入油，迅速、仔细搅拌成有光泽的、蓬松的光滑面糊。

3 将面糊倒入烤盘内，用刮刀抹平，放入 180℃烤箱内烘烤 10 分钟左右。从烤盘上取下来，放在冷却架上，连同烘焙用纸一并冷却（冷却后裹上保鲜膜）。

4 制作蜂蜜奶油。将鲜奶油和蜂蜜放入碗内，用打蛋器搅打至八分发。

5 取下 **3** 海绵蛋糕的烘焙用纸，把蛋糕切成 8 等份的细长条。每根约 19cm 长，放入慕斯圈内，整理成环状，放在台子上。用勺子将 **4** 的奶油填满慕斯圈。

6 装饰。装饰上核桃碎和夏威夷果碎，用笸子筛上糖粉，放在冰箱内冷藏 30 分钟以上，待定型后，取掉慕斯圈。最后装饰上迷迭香。

材料（24cm×24cm 烤盘，1 个份 /22cm×5.5cm 半月形模具 *1，1 个份）

海绵蛋糕坯 ——————— 　　酸奶奶油 ——————————

低筋面粉	30g	酸奶	约 60g *2
细砂糖	40g	鲜奶油	60g
蛋黄	2 个	细砂糖	2 小勺

A ⎡ 蛋清 …………… 2 个　　　白桃（罐头、半个）… 3 块
　 ⎣ 盐 ……………… 少许
　 油 ……………… 20g

*1 带腿的半月形模具。不是烘焙模具，
而是定型模具。
*2 按照准备工作计量。

准备工作

● 将酸奶放在铺有厨房用纸的茶筛中，置于冰
箱内过滤半天，去掉水分后，留取 30g。

● 白桃切丁，用厨房用纸蘸干多余水分。

● 烤盘铺上烘焙用纸（或玻璃纸）。

● 烤箱预热到 180℃。

做法

1 制作海绵蛋糕坯。将材料 A 放入碗内，一点点
加入细砂糖，用电动打蛋器打发至有尖角、质
地细腻的蛋白霜。再加入蛋黄，搅拌均匀。

2 筛入低筋面粉，用硅胶铲沿着碗底翻拌。搅拌
至没有干粉后，淋入油，迅速、仔细搅拌成有
光泽的、蓬松的光滑面糊。

3 将面糊倒入烤盘内，用刮刀抹平，放入 180℃烤
箱内烘烤 10 分钟左右。从烤盘上取下来，放在
冷却架上，连同烘焙用纸一并冷却（冷却后裹
上保鲜膜）。

4 制作酸奶奶油。将滤干水分的酸奶、鲜奶油和
细砂糖放入碗内，用打蛋器搅打至八分发。加
入白桃，用硅胶铲大致搅拌。

5 取下 **3** 海绵蛋糕的烘焙用纸，把蛋糕分切成一
块宽 12cm（外侧部分）、一块宽 3.5cm（底部），
长度不变。将 12cm 宽的蛋糕放入半月形模具内，
填满 **4** 的奶油，再盖上 3.5cm 宽的蛋糕，裹上
保鲜膜，放在冰箱内冷藏 1 小时以上定型。

白桃酸奶奶油半月形蛋糕

升级款

微微有些酸味的温和奶油与各类水果都非常搭。蛋糕不需要卷，
使用半月模具，包裹上奶油，变身成新款蛋糕。

戚风蛋糕

松软细腻的质地，能让人品尝到幸福的味道。味蕾能感受到鸡蛋与面粉原本的味道，而且做法非常简单。
制作出浓稠的蛋白霜，轻轻搅拌，以免消泡。

材料（直径 17cm 戚风模具，1 个份）

A ┌ 低筋面粉⋯⋯⋯⋯ 70g
　└ 泡打粉⋯⋯⋯⋯ 1/8 小勺
　细砂糖⋯⋯⋯⋯ 65g
　蛋黄⋯⋯⋯⋯ 3 个

B ┌ 蛋清⋯⋯⋯⋯ 3 个
　└ 盐⋯⋯⋯⋯ 少许
　油⋯⋯⋯⋯ 40g
　热水（与人体体温接近）⋯ 45g

准备工作

● 烤箱预热到 170℃。

做法

1 将蛋黄放入碗内，用打蛋器轻轻搅拌，加入 1/4 的细砂糖，充分搅拌至黏稠。依次加入油、热水、材料 A（筛入），每加入一次材料都需充分搅拌至光滑（图片 **a**）。

2 将材料 B 放入另 1 个碗内，一点点加入剩余的细砂糖，用电动打蛋器打发成有尖角、富有光泽、浓稠细腻的蛋白霜（图片 **b**）。

3 舀出 1 勺 **2** 的蛋白霜放入 **1** 的碗内（图片 **c**），充分搅拌均匀后，再加入约 1/3 量的 **2**，用硅胶铲轻轻搅拌。搅拌均匀后，再倒回 **2** 的碗内（图片 **d**），继续沿着碗底迅速、仔细搅拌均匀（图片 **e**）。

4 将蛋糕糊倒入模具内，放入 170℃的烤箱内烘烤 25 ～ 30 分钟。出炉后，将模具倒扣，充分冷却。冷却后，用小刀沿着模具侧面与蛋糕之间划一圈脱模（图片 **f**）。模具中筒部位、底部与蛋糕之间也需要用刀划一圈再脱模。可按照个人喜好装饰上百里香等香草。

a 将粉类一次性全部筛入，用打蛋器画圈式搅拌至黏稠、顺滑。

b 一点点加入细砂糖，用电动打蛋器高速打发，制作成浓稠的蛋白霜。

c 用电动打蛋器或手动打蛋器舀起蛋白霜，放入蛋黄面糊内。

d 往蛋黄面糊内再次加入蛋白霜，用硅胶铲轻轻搅拌，再倒回蛋白霜碗内。

e 为了避免消泡，需快速轻轻搅拌。搅拌成蓬松、有光泽的面糊。

f 将戚风蛋糕刀或细长的小刀插到蛋糕与模具之间，小刀的边缘沿着一侧划一圈。

装饰

大人、小孩都喜欢的巧克力香蕉奶油夹心

将戚风蛋糕按照放射状分切成小块，再在每小块中央切出一条缝隙，挤上打发的鲜奶油。摆上香蕉片，再淋上熔化的巧克力。

松软蓬松的蛋糕搭配上浓稠的奶油，让味蕾沉浸在这份纯真又丰富的味道中。这种夹心款的戚风蛋糕深受大人、小孩喜爱。

材料（直径 17cm 戚风模具，1 个份）

A	低筋面粉	70g		B	蛋清	3 个
	泡打粉	1/8 小勺			盐	少许
	细砂糖	65g			油	40g
	蛋黄	3 个			酸奶	50g
					香草荚	1/2 根

准备工作

- 用小刀纵向剖开香草荚，刮出香草籽。
- 酸奶用微波炉加热至与人体体温接近。
- 烤箱预热到 170℃。

做法

1 将蛋黄放入碗内，用打蛋器轻轻搅拌，加入 1/4 的细砂糖，充分搅拌至黏稠。依次加入油、酸奶、香草籽、材料 A（筛入）、椰子粉，每加入一次材料都需充分搅拌。

2 将材料 B 放入另 1 个碗内，一点点加入剩余的细砂糖，用电动打蛋器打发成有尖角、富有光泽、浓稠细腻的蛋白霜。

3 舀出 1 勺 **2** 的蛋白霜放入 **1** 的碗内，充分搅拌均匀后，再加入约 1/3 量的 **2**，用硅胶铲轻轻搅拌。搅拌均匀后，再倒回 **2** 的碗内，继续沿着碗底迅速、仔细搅拌均匀。

4 将蛋糕糊倒入模具内，放入 170℃的烤箱内烘烤 25 ～ 30 分钟。出炉后，将模具倒扣，充分冷却。冷却后，用小刀沿着模具侧面与蛋糕之间划一圈脱模。模具中筒部位、底部与蛋糕之间也需要用刀划一圈再脱模。

香草酸奶戚风蛋糕

升级款

散发着香草淡淡香气，用酸奶替代热水制作而成的戚风蛋糕。酸奶中含有固体成分，因此酸奶用量要比上一页介绍的原味戚风蛋糕所使用的热水量多。

覆盆子戚风蛋糕

将一部分热水换成柠檬汁，蛋糕入口后散发着酸甜味，炎热的季节吃上一口顿觉清爽。也可以将覆盆子换成冻草莓干。

材料（直径17cm戚风模具，1个份）

A [低筋面粉·············· 65g
泡打粉·············· 1/8 小勺]

细砂糖·············· 65g

蛋黄·············· 3 个

B [蛋清·············· 3 个
盐·············· 少许]

油·············· 40g

热水（与人体体温接近）··· 30g

柠檬汁·············· 1 大勺

冻覆盆子干（冻干）········ 10g

准备工作

● 覆盆子干切碎备用。

● 烤箱预热到170℃。

做法

1 将蛋黄放入碗内，用打蛋器轻轻搅拌，加入 1/4 的细砂糖，充分搅拌至黏稠。依次加入油、热水、柠檬汁、材料 A（筛入）、覆盆子碎，每加入一次材料都需充分搅拌。

2 将材料 B 放入 1 个碗内，一点点加入剩余的细砂糖，用电动打蛋器打发成有尖角、富有光泽、浓稠细腻的蛋白霜。

3 舀出 1 勺 2 的蛋白霜放入 1 的碗内，充分搅拌均匀后，再加入约 1/3 量的 2，用硅胶铲轻轻搅拌。搅拌均匀后，再倒回 2 的碗内，继续沿着碗底迅速、仔细搅拌均匀。

4 将蛋糕糊倒入模具内，放入 170℃ 的烤箱内烘烤 25 ～ 30 分钟。出炉后，将模具倒扣，充分冷却。冷却后，用小刀沿着模具侧面与蛋糕之间划一圈脱模。模具中筒部位、底部与蛋糕之间也需要用刀划一圈再脱模。

巧克力奶油夹心戚风蛋糕

用纸杯烘焙而成的小戚风蛋糕，非常可爱。尝试往蛋糕内挤入鲜奶油，是一款适合携带的点心。

材料（直径 7cm、高 7cm 的烘焙纸杯，7 个份）

A	低筋面粉…………	70g	
	泡打粉…………	1/8 小勺	
	细砂糖…………	65g	
	蛋黄…………	3 个	
B	蛋清…………	3 个	
	盐…………	少许	

油………… 40g
热水（与人体体温接近）… 45g
烘焙用巧克力………… 25g

奶油 — — — — — — — —
鲜奶油………… 100g
细砂糖………… 1 小勺

准备工作

● 烘焙用巧克力切碎，放入耐热容器内，容器底部隔热水加热至熔化 *。
● 烤箱预热到 170℃。

* 也可以用微波炉加热至熔化。

做法

1 将蛋黄放入碗内，用打蛋器轻轻搅拌，加入 1/4 的细砂糖，充分搅拌至黏稠。依次加入油、热水、材料 A（筛入），每加入一次材料都需充分搅拌至光滑。

2 将材料 B 放入 1 个碗内，一点点加入剩余的细砂糖，用电动打蛋器打发成有尖角、富有光泽、浓稠细腻的蛋白霜。

3 舀出 1 勺 **2** 的蛋白霜放入 **1** 的碗内，充分搅拌均匀后，再加入约 1/3 量的 **2**，用硅胶铲轻轻搅拌。搅拌均匀后，再倒回 **2** 的碗内，继续沿着碗底迅速、仔细搅拌均匀。

4 取 1/4 量的 **3** 倒入 1 个碗内，加入熔化的巧克力，搅拌均匀。然后倒回 **3** 的碗内，大致搅拌 1 ～ 2 下，形成大理石纹。

5 将蛋糕糊倒入纸杯内，放入 170℃的烤箱内烘烤 20 分钟左右。出炉后，纸杯倒扣，充分冷却。

6 制作奶油。将鲜奶油和细砂糖倒入碗内，用打蛋器搅打至蓬松（约八分发）。然后装入配有泡芙专用裱花嘴（可用细长圆形裱花嘴）的裱花袋内，将裱花嘴从蛋糕不明显的部位插入，挤入奶油。

材料（直径 7cm、高 7cm 的烘焙纸杯，8 个份）

A
- 低筋面粉…………… 65g
- 泡打粉…………… 1/8 小勺
- 细砂糖…………… 65g
- 蛋黄…………… 3 个

B
- 蛋清…………… 3 个
- 盐…………… 少许

- 油…………… 40g
- 豆乳…………… 50g
- 煮红豆…………… 80g

红豆奶油 ——————————
- 煮红豆…………… 40g
- 鲜奶油…………… 80g

准备工作

● 将 80g 煮红豆用叉子碾碎，红豆奶油用煮红豆需碾成糊状。

● 豆乳用微波炉加热至与人体体温相近。

● 烤箱预热到 170℃。

做法

1 将蛋黄放入碗内，用打蛋器轻轻搅拌，加入 1/4 的细砂糖，充分搅拌至黏稠。依次加入油、豆乳、材料 A（筛入）、煮红豆，每加入一次材料都需充分搅拌。

2 将材料 B 放入另 1 个碗内，一点点加入剩余的细砂糖，用电动打蛋器打发成有尖角、富有光泽、浓稠细腻的蛋白霜。

3 舀出 1 勺 **2** 的蛋白霜放入 **1** 的碗内，充分搅拌均匀后，再加入约 1/3 量的 **2**，用硅胶铲轻轻搅拌。搅拌均匀后，再倒回 **2** 的碗内，继续沿着碗底迅速、仔细搅拌均匀。

4 将蛋糕糊倒入纸杯内，放入 170℃ 的烤箱内烘烤 20 分钟左右。出炉后，倒扣冷却。

5 制作红豆奶油。将处理好的红豆糊放入碗内，一点点加入鲜奶油，用打蛋器搅拌均匀，再搅打至蓬松（约八分发）。装入配有泡芙专用裱花嘴（可用细长圆形裱花嘴）的裱花袋内，将裱花嘴从蛋糕不明显的部位插入，挤入奶油。

豆乳红豆奶油夹心戚风蛋糕

升级款

用豆乳替代热水，加入足量煮烂的红豆，变成一款日式迷你戚风蛋糕。为了避免堵塞裱花嘴，制作红豆奶油的红豆需要研磨细滑。也可以使用红豆馅。

天使戚风蛋糕

所谓天使戚风蛋糕，就是在只使用蛋清的美式蛋糕基础上，加入了可使味道更醇厚的蛋黄制作而成的点心。可以说是戚风蛋糕的变种。

材料（直径 10cm 戚风模具，4 个份*）

A ┌ 低筋面粉…………… 70g
  └ 泡打粉………… 1/8 小勺

糖粉………………… 70g

蛋黄………………… 1 个

B ┌ 蛋清…… 4 个（160g）
  └ 盐………………… 少许

油………………… 40g

牛奶………………… 50g

* 此用量也可制作 1 个直径 17cm
 戚风蛋糕。放入 170℃烤箱烘烤
 25～30 分钟即可。

准备工作

● 烤箱预热到 170℃。
● 牛奶用微波炉加热至与人体体温相近。

做法

1 将蛋黄放入碗内，用打蛋器轻轻搅拌，加入 1/4 的糖粉，充分搅拌至黏稠。依次加入油、牛奶、材料 A（筛入），每加入一次材料都需充分搅拌至光滑。

2 将材料 B 放入另 1 个碗内，一点点加入剩余的糖粉，用电动打蛋器打发成有尖角、富有光泽、浓稠细腻的蛋白霜。

3 舀出 1 勺 **2** 的蛋白霜放入 **1** 的碗内，充分搅拌均匀后，再加入约 1/3 量的 **2**，用硅胶铲轻轻搅拌。搅拌均匀后，再倒回 **2** 的碗内，继续沿着碗底迅速仔细搅拌均匀。

4 将蛋糕糊倒入模具内，放入 170℃的烤箱内烘烤 20 分钟左右。出炉后，将模具倒扣，充分冷却。冷却后，用小刀沿着模具侧面与蛋糕之间划一圈脱模。模具中筒部位、底部与蛋糕之间也需要用刀划一圈再脱模。

装饰

简单的蛋糕装饰

将打发的鲜奶油均匀涂在蛋糕表面，用勺子或细长的刮刀抹出纹路。手作感满满、朴素简单的装饰非常惹人喜爱。

撒上冻干的覆盆子碎和草莓碎，色彩与味道非常搭配。1 个直径 10cm 戚风蛋糕约使用 80g 鲜奶油和 1/2 小勺的细砂糖。

升级款

椰奶天使戚风蛋糕

使用了椰奶和椰子粉，是一款散发着盛夏香甜气息的点心。雪白的面糊也非常适合隆冬时节。

材料（直径 10cm 戚风模具，4 个份）

A	低筋面粉…………… 55g	B	蛋黄………………… 1 个	油………………… 40g	
	泡打粉………… 1/8 小勺		蛋清……… 4 个（160g）	椰奶……………… 60g	
	糖粉…………… 70g		盐………………… 少许	椰子粉…………… 30g	

准备工作

● 烤箱预热到 170℃。

● 椰奶用微波炉加热至与人体体温相近。

做法

1 将蛋黄放入碗内，用打蛋器轻轻搅拌，加入 1/4 的糖粉，充分搅拌至黏稠。依次加入油、椰奶、材料 A（筛入）、椰子粉，每加入一次材料都需充分搅拌。

2 将材料 B 放入另 1 个碗内，一点点加入剩余的糖粉，用电动打蛋器打发成有尖角、富有光泽、浓稠细腻的蛋白霜。

3 舀出 1 勺 **2** 的蛋白霜放入 **1** 的碗内，充分搅拌均匀后，再加入约 1/3 量的 **2**，用硅胶铲轻轻搅拌。搅拌均匀后，再倒回 **2** 的碗内，继续沿着碗底迅速仔细搅拌均匀。

4 将蛋糕糊倒入模具内，放入 170℃ 的烤箱内烘烤 20 分钟左右。出炉后，将模具倒扣，充分冷却。冷却后，用小刀沿着模具侧面与蛋糕之间划一圈脱模。模具中筒部位、底部与蛋糕之间也需要用刀划一圈再脱模。

材料（直径 17cm 戚风模具，1 个份）

A	低筋面粉…………… 70g		蛋黄………………… 1 个		油………………………… 40g
	泡打粉………… 1/8 小勺	B	蛋清……… 4 个（160g）		梅酒……………………… 50g
	糖粉……………… 70g		盐………………… 少许		李子干（或者葡萄干）…50g

准备工作

- 李子干切碎备用。
- 烤箱预热到 170℃。
- 梅酒用微波炉加热至与人体体温相近。

做法

1 将蛋黄放入碗内，用打蛋器轻轻搅拌，加入 1/4 的糖粉，充分搅拌至黏稠。依次加入油、梅酒、材料 A（筛入）、李子碎，每加入一次材料都需充分搅拌光滑。

2 将材料 B 放入另 1 个碗内，一点点加入剩余的糖粉，用电动打蛋器打发成有尖角、富有光泽、浓稠细腻的蛋白霜。

3 舀出 1 勺 **2** 的蛋白霜放入 **1** 的碗内，充分搅拌均匀后，再加入约 1/3 量的 **2**，用硅胶铲轻轻搅拌。搅拌均匀后，再倒回 **2** 的碗内，继续沿着碗底迅速仔细搅拌均匀。

4 将蛋糕糊倒入模具内，放入 170℃的烤箱内烘烤 25 ～ 30 分钟。出炉后，将模具倒扣，充分冷却。冷却后，用小刀沿着模具侧面与蛋糕之间划一圈脱模。模具中筒部位、底部与蛋糕之间也需要用刀划一圈再脱模。

升级款

梅酒李子戚风蛋糕

用梅酒替代水，再加入切碎的李子干。梅酒风味稳定，加入面糊内，蛋糕味道更加醇厚，更加美味。

酥脆司康

加入了橄榄油，可当主食食用的咸味司康。为了品尝到酥脆的口感，最好出炉后立即食用。可以将面坯做成大的四角形，也可以切成小四角形。

材料（8个份）

	低筋面粉	100g
	高筋面粉	50g
A	泡打粉	1/2 大勺
	赤砂糖	2 小勺
	盐	1/3 小勺
	鸡蛋	1 个
	橄榄油	45g

准备工作

● 烤盘铺上烘焙用纸。

● 烤箱预热到 180℃。

做法

1 将材料 A 筛入碗内，用打蛋器充分搅拌（图片 **a**）。加入橄榄油，用硅胶铲搅拌成颗粒状（图片 **b**）。待呈现出颗粒状后，加入全蛋液，用硅胶铲切拌（图片 **c**）。搅拌均匀后，用手反复揉成面团（图片 **d**），然后团成圆形。

2 放在操作台上，按压成直径约 13 ～ 14cm 的扁圆形（图片 **e**）。然后再呈放射状分成 8 等份，均匀摆放在烤盘上，放入 180℃ 烤箱内烘烤 20 分钟左右。

a 用打蛋器轻轻搅拌。如果时间充裕，可以用粉筛或网眼细密的筛子过筛。

b 用硅胶铲切拌。也可以用叉子迅速搅拌。

c 先用硅胶铲切拌，再用硅胶铲按压，让蛋液与面粉充分融合。

d 反复对折面坯，最后团成面团。也可用硅胶铲将面坯切成两半，再重叠按压成面团。

e 将面坯从碗内取出，团成圆形后，再按压成扁圆形，放在操作台上整理好形状。

f 呈放射状切成 8 等份的三角形。刀刃撒上面粉（分量外），便于切割。

> **装饰**
>
> ### 一口一个小司康！撒上奶酪粉和胡椒粉、用饼干模刻出不同形状的司康
>
> 将面坯擀成厚 1.5 ～ 2cm，用圆形饼干模具刻出造型，放在铺有烘焙用纸的烤盘上，撒上奶酪粉和黑胡椒粉后烘烤。大约可以做出 14 个，剩余的面坯可以团成圆形，一并放入 180℃ 烤箱内烘烤 13 分钟左右。
>
> 如果想加入汤内或沙拉内食用，可以把司康做得更小一些。也可以在面坯内加入香肠或熏猪肉。

杂粮司康

升级款

由多种谷物混合而成的杂粮散发着谷物的天然气息，非常适合制作司康。可以将粉量的 10% ～ 20% 替换成杂粮。

材料（8个份）

A
- 低筋面粉·············· 100g
- 高筋面粉·············· 30g
- 杂粮···················· 20g
- 泡打粉·············· 1/2 大勺
- 赤砂糖················ 2 小勺
- 盐·················· 1/3 小勺

鸡蛋·················· 1 个
橄榄油·············· 45g

准备工作

● 烤盘铺上烘焙用纸。

● 烤箱预热到 180℃。

做法

1 将材料 A 筛入碗内，用打蛋器充分搅拌。加入橄榄油，用硅胶铲搅拌成颗粒状。待呈现出颗粒状后，加入全蛋液，用硅胶铲切拌。搅拌均匀后，用手反复揉成面团，然后团成圆形。

2 放在操作台上，按压成直径 13 ～ 14cm 的扁圆形。然后再呈放射状分成 8 等份，均匀摆放在烤盘上，放入 180℃烤箱内烘烤 20 分钟左右。

黑芝麻杏仁司康

升级款

加入黑芝麻和杏仁片后，口感更加香脆。为了便于食用，可以做小一点。也可以将杏仁捣碎后使用。

材料（8个份）

A	低筋面粉	100g
	高筋面粉	30g
	黑芝麻	20g
	杏仁片	25g
	泡打粉	1/2 大勺
	赤砂糖	2 小勺
	盐	1/3 小勺
鸡蛋		1 个
橄榄油		45g

准备工作

● 烤盘铺上烘焙用纸。

● 烤箱预热到180℃。

做法

1 将材料 A 筛入碗内，用打蛋器充分搅拌。加入橄榄油，用硅胶铲搅拌成颗粒状。待呈现出颗粒状后，加入全蛋液，用硅胶铲切拌。搅拌均匀后，用手反复揉成面团。2 等分后，分别团成圆形。

2 放在操作台上，按压成直径约 10cm 的扁圆形。然后再呈放射状分成 4 等份，均匀摆放在烤盘上，放入 180℃烤箱内烘烤 15 ～ 18 分钟。

松软司康

口感酥脆且松软的甜司康。没什么制作难度，只是在面糊内加入了鲜奶油。为了追求司康的蓬松感，加入了酸奶，材料 B 也可以只使用鲜奶油。

材料（10 个份）

A
- 低筋面粉·············· 150g
- 泡打粉·········· 1/2 大勺
- 细砂糖·············· 25g
- 盐·················· 1 小撮

B
- 鲜奶油·············· 130g
- 酸奶················ 20g

准备工作

- 烤盘铺上烘焙用纸。
- 烤箱预热到 180℃。

做法

1 将材料 A 筛入碗内，用打蛋器充分搅拌。加入材料 B，用硅胶铲大幅度切拌。搅拌均匀后，继续一边搅拌，一边按压面糊，团成面团。差不多成形后，用手团成光滑的面团。*

2 分成 10 等份的圆面团，均匀摆放在烤盘上，放入 180℃烤箱内烘烤 18 分钟左右。可根据个人喜好，夹上草莓酱或八分打发的鲜奶油（均分量外）。

* 使用食物搅拌器更便捷。首先将 A 放入食物搅拌器内，搅拌 3～5 秒钟，再加入材料 B，反复开关电源，待搅拌成面团。之后的做法与步骤 **2** 相同。

▶ 装饰 ◀

夹上香橙片和鲜奶油后立现美式裱花蛋糕风

直接食用便无比美味的松软司康，如果再搭配上鲜奶油，会吃出幸福感。

美式裱花蛋糕非常流行蛋糕内夹上酥脆的饼干、搅打奶油和鲜草莓。今天介绍的这款司康夹的是爽口的香橙片和打发的鲜奶油。香橙奶油司康非常适合搭配红茶。

除了水果，还可以夹果酱、枫糖浆、蜂蜜等，可以自由尝试。

材料（12 个份）

A	低筋面粉	150g
	泡打粉	1/2 大勺
	细砂糖	25g
	盐	1 小撮
B	鲜奶油	120g
	酸奶	20g
	奶油奶酪	60g
	黑豆（甜煮）	80g

准备工作

- 奶油奶酪切成约 1cm 的小丁，放入冰箱内冷藏备用。
- 用厨房用纸蘸干黑豆上多余的水分。
- 烤盘铺上烘焙用纸。
- 烤箱预热到 180℃。

做法

1 将材料 A 筛入碗内，用打蛋器充分搅拌。加入材料 B，用硅胶铲大幅度切拌，待还有少许干粉时，加入奶油奶酪和黑豆，一边搅拌，一边按压面糊，团成面团。差不多成形后，用手团成光滑的面团。

2 分成 12 等份的圆面团，均匀摆放在烤盘上，放入 180℃烤箱内烘烤 15 ～ 18 分钟。

黑豆奶油奶酪司康

升级款

黑豆搭配奶油奶酪制作而成的司康口感出乎意料变得不再干巴巴。因为加入了奶油奶酪，鲜奶油的分量相应要减少一些。

升级款

草莓干司康

用酸奶油替代酸奶，面糊增添了乳香味，加入酸甜美味的草莓干，味道更加丰富。也可以尝试加入杏干或葡萄干。

材料（12个份）

A	低筋面粉	150g
	泡打粉	1/2 大勺
	细砂糖	25g
	盐	1 小撮
	鲜奶油	100g
	酸奶油	60g
	草莓干	40g

准备工作

- 草莓干切碎备用。
- 烤盘铺上烘焙用纸。
- 烤箱预热到 180℃。

做法

1 将材料 A 筛入碗内，用打蛋器充分搅拌。加入鲜奶油和酸奶油，用硅胶铲大幅度切拌，待还有少许干面粉时，加入草莓碎，一边搅拌，一边按压面糊，团成面团。待成形后，用手团成光滑的面团。

2 分成 12 等份的圆面团，均匀摆放在烤盘上，放入 180℃烤箱内烘烤 15 ～ 18 分钟。

图书在版编目（CIP）数据

稲田老师的百变蛋糕 / (日) 稲田多佳子著 ; 唐晓

艳译. -- 海口 : 南海出版公司, 2017.9

ISBN 978-7-5442-8923-8

Ⅰ.①稻… Ⅱ.①稻… ②唐… Ⅲ.①蛋糕 – 糕点加

工 Ⅳ.①TS213.23

中国版本图书馆CIP数据核字(2017)第100777号

著作权合同登记号　图字：30-2017-019

Copyright © 2015 Takako Inada

Original Japanese language edition published by SB Creative Corp.

All rights reserved. No part of this book may be reproduced in any form without the written

permission of the publisher.

Chinese translation rights arranged with SB Creative Corp., Tokyo through NIPPAN IPS

Co.,Ltd.

本书由日本SB创造社授权北京书中缘图书有限公司出品并由南海出版公司在中国范围

内独家出版本书中文简体字版本。

DAOTIAN LAOSHI DE BAIBIAN DANGAO
稲田老师的百变蛋糕

策划制作： 北京书锦缘咨询有限公司（www.booklink.com.cn）

总 策 划： 陈　庆

策　划： 李　伟

作　者： ［日］稲田多佳子

译　者： 唐晓艳

责任编辑： 雷珊珊

排版设计： 王　青

出版发行： 南海出版公司　电话：（0898）66568511（出版）　（0898）65350227（发行）

社　址： 海南省海口市海秀中路51号星华大厦五楼　邮编：570206

电子信箱： nhpublishing@163.com

经　销： 新华书店

印　刷： 北京和谐彩色印刷有限公司

开　本： 889毫米×1194毫米　1/16

印　张： 6.5

字　数： 121千

版　次： 2017年10月第1版　2017年10月第1次印刷

书　号： ISBN 978-7-5442-8923-8

定　价： 48.00元